电能替代
技术及应用

主　　编：陈兆庆

副主编：赵庆杞　孙天雨　张　涛　杜红军　马　民　郭昆亚

编写人员：王传军　杨　轶　金钟鹤　李　健　王城钧　王荣茂

李希元　王述成　左　壮　杨道澍　薛激光　权　巍

张克众　郑　薇　徐恺妮　曹德光　温　锦

中国电力出版社
CHINA ELECTRIC POWER PRESS

内 容 提 要

本书将电能替代技术作为一个整体，采用总分结构，叙述了电能替代发展至今各技术分支。

全书共九章。主要介绍了电能替代技术的发展历程、发展现状、发展前景及意义，电蓄热、冰蓄冷、热泵、港口岸电等主流电能替代技术及其他小众或待发展的技术。本书涉及面广，内容翔实，针对各电能替代技术，不仅阐释其原理，还针对各技术特点划定技术适用范围，分析经济、社会效益评价指标，并配以应用实例，对生产实际有很大的指导意义，并为后续探索研究提供理论支撑。

本书适合作为电能替代技术培训教材使用，或作为从事电能替代行业的技术人员自学之用，也可为有关设计和科研人员参考

图书在版编目（CIP）数据

电能替代技术及应用 / 陈兆庆主编. —北京：中国电力出版社，2017.12

ISBN 978-7-5198-1530-1

Ⅰ．①电… Ⅱ．①陈… Ⅲ．①电力工业－节能 Ⅳ．①TM

中国版本图书馆 CIP 数据核字（2017）第 308336 号

出版发行：中国电力出版社
地　　址：北京市东城区北京站西街 19 号（邮政编码 100005）
网　　址：http://www.cepp.sgcc.com.cn
责任编辑：杨　扬（010-63412524）
责任校对：常燕昆
装帧设计：赵姗姗
责任印制：杨晓东

印　　刷：北京雁林吉兆印刷有限公司
版　　次：2017 年 12 月第一版
印　　次：2017 年 12 月北京第一次印刷
开　　本：787 毫米×1092 毫米　16 开本
印　　张：11.25
字　　数：243 千字
印　　数：0001—2000 册
定　　价：45.00 元

前 言

　　能源是人类生产生活赖以生存的基础，也是现代经济发展的重要支柱，同时也是国家经济发展的重要战略物资。随着我国经济的快速发展，节能与环保成为当前所面临的焦点问题，人们迫切地需要以电能代替污染严重的传统化石能源，通过提高清洁能源使用占比来缓解当前雾霾及环境污染等问题。电能替代技术以其清洁、无污染、可再生、可持续的特点得到了国际社会的高度重视。

　　电能替代技术以"以电代煤、以电代气、以电代油、电从远方来"为核心，其内容包括热泵、电采暖、电锅炉、双蓄、电动汽车、港口岸电等诸多方面，集气象学、材料科学、机械制造、电气工程、电子控制技术、环境科学、海洋工程为一体，涉猎较广。

　　本书的编写力求内容系统完善、与时俱进、通俗易懂，由浅入深地介绍电能替代技术基础知识，在对理论知识深度解读的同时，紧密联系生产实际，每一部分都配合相关实例分析，注重理论与实践的结合。参与本书编写的人员不仅有扎实的理论基础知识，在电能替代技术理论研究与实际应用领域也是有着多年经验的专家，本书正是集百家之所长，倾编者之心血。本书适合作为电能替代技术培训教材使用，或作为从事电能替代行业的技术人员自学之用，也可为有关设计和科研人员参考。希望本书的出版能对我国电能替代技术人才的培养提供支持，对推动我国能源事业的发展产生积极的作用。

　　对在本书编写过程中给予大力支持和帮助的单位和个人，在此一并表示诚挚的感谢。

　　由于时间仓促，本书在编写过程中难免有疏漏之处，希望各位读者给予谅解并欢迎不吝指正。

编　者

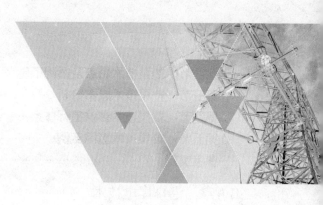

目　录

第一章

电能替代技术概述

▲ 第一节 国内外能源发展现状

▍一、国外能源发展现状

能源是人类生产生活赖以生存的基础，也是现代经济发展的重要支柱，同时也是国家经济发展的重要战略物资。开发和利用能源，将会极大地推动人类社会和世界经济的发展和进步。在当今世界经济全球化进程中，能源安全已上升到国家安全的高度。各国政府为了确保能源安全都纷纷出台了一系列的能源政策。然而，在享受各种能源所带来好处的同时，也会遇到一系列的能源问题，即能源短缺和能源消耗带来的环境污染问题，这对人类社会的生存和发展产生了严重的威胁。因此，积极开发新能源，寻求可持续发展成为很多国家的首要战略任务。

能源的合理开发和有效利用关系到世界的未来，新能源和可再生能源产业在国家战略中地位也越发重要。当今世界正面临着人口与资源、社会发展与环境保护等多重压力的挑战，而支撑社会发展的传统能源储量却越来越少，因此，开发新能源和可再生能源特别是把它们转化为高品位能源，以逐步减少化石能源的使用，是保护生态环境、走经济社会可持续发展的重大措施。化石能源在 21 世纪是一个从兴盛走向衰落，从基本满足人类的需要走向短缺，从疯狂开采走向理智开发的过程。据预测在 21 世纪下半叶，随着石油和天然气的枯竭，太阳能、风能、生物质能等一系列新能源和可再生能源将迅速得到发展。因此，在 21 世纪，将形成新的能源体系和系统。新能源和可再生能源产业在国家战略中地位示意如图 1-1 所示。

在全球化的视角下，能源问题已成为国际政治、经济、环保等诸多领域的核心问题，甚至已经成为国际政治的焦点。世界各国之间围绕着能源的世界霸权进行了激烈的竞争，国家的自身利益也紧紧围绕以维护能源安全战略来制定。各国政府正积极主导替代能源的发展，使能源问题日益成为国际社会关注的焦点。随着石油价格不断波动，各国更加密切关注低碳经济、气候变化和环境问题。在能源领域，中

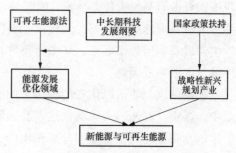

图 1-1　新能源和可再生能源产业
在国家战略中地位示意图

国的国际合作也在不断扩大，从最初的以石油和天然气为主，扩展到电力、风能、生物质燃料、核能等新能源。

当今世界，能源是国家之间力量等级体系的决定因素，甚至是物质进步、国家成长和大国崛起的一个新筹码。纵观全球，获得能源成为 21 世纪压倒一切的首要任务。能源对于今日中国之意义，从来没有如此重要过。

基于环境、政治、经济的多重压力，实施电能替代技术是十分有必要的。无论从

经济发展、实现要求，还是从技术条件分析，电能替代都是解决雾霾等环境问题的重要手段，以电气化提高和电能替代为主要方向来推进终端能源替代，符合我国基本国情。通过电能替代技术，不仅能够促进节能减排，实现能源生产和消费转型，同时也能减少石油的对外依存度，从而加快实现能源可持续发展战略。

■二、国内能源发展现状

近几年来，持续的严重雾霾天气横扫我国多个地区，严重雾霾引起了全社会对环境保护的高度关注，以及对我国能源发展方式的深刻反思。2013 年 9 月，国务院印发《大气污染防治行动计划》，提出到 2017 年，全国 PM_{10} 浓度普降 10%，京津冀、长三角、珠三角等区域的 $PM_{2.5}$ 浓度分别下降 25%、20% 和 15% 左右的目标，明确要求全面整治燃煤小锅炉，加快推进集中供热、"煤改电"工程建设。2014 年 4 月 18 日，在新一届国家能源委员会首次会议上，国务院总理李克强要求推动能源生产和消费方式变革，提高能源绿色、低碳、智能发展水平，走出一条清洁、高效、安全、可持续的能源发展道路。

《中华人民共和国可再生能源法》已经将可再生能源的开发利用列为能源发展的优先领域，《国家中长期科技发展规划纲要》（2006—2020 年）已经明确指出新能源将成为国家能源发展的战略方向，"十七大"和"十二五"规划中已经明确地将新能源和可再生能源产业列入了战略性新兴规划产业。

1. 传统化石能源发展状况

我国作为世界上最大的发展中国家，能源生产与消费均独具特色。从总量上来讲，我国拥有世界第二大能源体系，能源储量居于世界前列；同时，我国也是能源消费大国，能源消费总量位居世界第二，仅次于美国。人均资源量少、资源消耗量大、能源供需矛盾尖锐以及利用效率低下、环境污染严重、能源结构不合理已成为制约我国经济社会可持续发展的重要因素。

长期以来，我国以化石能源为主的能源构成形式加剧了对化石能源的依赖，能源总量中，煤炭、石油、天然气依然占我国能源消费的主要部分。我国煤炭资源储备量大，但地域分布不均，主要集中分布在山西、陕西和内蒙古等地区，而用煤量大的地区则集中于华东、华南等地，因此北方供应大于需求、南方需求大于供应，于是我国"西煤东运"和"北煤南运"的相关政策应运而生。

根据我国勘探成果预测，在渤海、黄海、东海及南海北部大陆架海域，石油资源量达到 275.3 亿 t，天然气资源量达到 10.6 万亿 m^3。我国石油资源的平均探明率为 38.9%，海洋仅为 12.3%，远远低于世界平均 73% 的探明率；我国天然气平均探明率为 23%，海洋为 10.9%，而世界平均探明率在 60.5% 左右。我国海洋油气资源在勘探上整体处于早中期阶段。近年来近海大陆架上的渤海、北部湾、珠江口、莺琼、南黄海、东海六大沉积盆地，都发现了丰富的油气资源。我国石油资源集中分布在渤海湾、松辽、塔里木、鄂尔多斯、准噶尔、珠江口、柴达木和东海陆架八大盆地，其可采资源量为 172 亿 t，占全国的 81.13%；天然气资源集中分布在塔里木、四川、鄂尔多斯、东海陆架、柴达木、松辽、莺歌海、琼东南和渤海湾九大盆地，其可采资源量为 18.4 万亿 m^3，占全国的 83.64%。

未来我国天然气消费的发展趋势，一是需求量大幅增长将快于煤炭和石油，二是利用方向将发生变化，消费结构将进一步优化。随着城市化进程的加快和环境保护力度的提高，我国天然气消费结构逐渐由化工和工业燃料为主向多元化消费结构转变。煤制天然气将以城市燃气为目标市场，适度发展作为天然气资源的补充。

据《2014—2018 年中国煤炭行业发展前景与投资战略规划分析报告》数据显示，2013—2016 年，中国煤炭供需基本平衡，从长期看不存在供需缺口过大的问题。

2. 新能源发展状况

新能源也称为非常规能源，指传统能源以外正在开发利用或正在积极研究、有待推广的各种可再生能源和核能，包括太阳能、地热能、风能、水能、海洋能、生物质能以及核聚变能等。而我国新能源种类主要有太阳能、风能、生物质能、核能、地热能和潮汐能，我国新能源种类及主要利用方式见表 1-1。

表 1-1　　　　　　　　　　　我国新能源种类及主要利用方式

能源种类	主要利用方式
太阳能	光伏发电、光热发电、太阳能热水器、太阳能空调
风能	风力发电
生物质能	生物质发电、沼气、燃料乙醇、生物柴油
核能	核电
地热能	地热发电、地热供暖、地热务农
潮汐能	潮汐发电

新能源的各种形式都是直接或者间接地来自于太阳或地球内部深处所产生的热能，一般具有储量大、污染少的特点。近年来，我国新能源与可再生能源的快速发展使得新能源产业中的许多相关技术、管理与服务已经在世界新能源经济的发展进程中占据重要地位，太阳能电池产量和太阳能热水器累计面积均居世界第一，水电装机容量居世界第一，风电装机容量已居世界第二。在国家"积极发展核电"的战略方针指引下，我国核电产业已经逐渐形成规模，自主化能力也大大加强。到 2020 年，新能源和可再生能源将成为我国国民经济的先导产业[3]。

"十二五"规划提出了设立新能源和可再生能源示范城市，从"发展可再生能源"和"节能环保"两方面进行双重考核等一系列促进新能源与可再生能源产业发展的政策措施，在一定程度上推动了各地区新能源经济的均衡发展。"十三五"规划提出以提高环境质量为核心，实施最严格的环境保护制度，打好大气、水、土壤污染防治"三大战役"，解决好全国生态环境面临的突出问题，更好回应人民群众对良好生态环境的期待。

▲ 第二节　电能替代技术发展历程

▍一、电能替代技术发展概述

电能替代主要是指利用电力能源替代煤、油、气等常规终端能源，通过大规模集中转化来提高燃料使用效率、减少污染物排放，进而达到改良终端能源结构、促进环保的效果。电能替代就是"以电代煤、以电代油、以电代气、电从远方来"。

"以电代煤"就是要在终端消费环节以电代煤，减少直燃煤和污染物的排放量，减轻煤炭使用对环境的破坏。在城市集中供暖，商业、工农业生产领域大力推广热泵、电采暖、电锅炉、双蓄等电能替代技术。主要是将工业锅炉、居民取暖等用煤转为用电，例如，促进家庭和餐饮行业的电气化、采用电采暖设备取暖、在家庭中普及电锅炉等。通过这些手段减少直燃煤的燃烧，减少污染排放总量，缓解因此产生的大气污染状况。

"以电代油"主要是通过发展城市轨道交通、电动汽车、铁路、汽车运输领域、农村电力灌溉等方式降低对石油的依赖。以交通为例，我国积极推动电动汽车的建设。我国自"八五"以来，在研发电动汽车方面投入了大量的人力、物力和财力，并取得了一系列科研成果，开发出一批电动汽车整车产品，在北京、武汉、天津、株洲、杭州等城市开展了不同形式的小规模示范运行。北京奥运会上，电动汽车示范运行取得了良好效果，这对我国电动汽车发展将起到有力的助推作用。奥运会期间，50 辆锂离子电池纯电动客车在奥运中心区的奥运村、媒体村和北部赛区等线路上为奥运官员、媒体记者、运动员提供 24h 全天候的运输服务。奥运会电动汽车示范运行不但起到了有效的示范引导作用，而且带动了电动汽车及其能源供给技术的发展 [2]。提高交通电气化水平可减少石油消费，从而调整能源消费结构，促进交通行业能源高效利用，达到减少环境污染的目的。

"以电代气"，即推广城乡居民家庭电气化，以电代替天然气、液化气、煤气等气体能源，减少气体排放，促进居民生活用电增长。例如，珠三角作为全国经济发展的重要区域，近年来也面临着"十面霾伏"的严峻形势。广东电网佛山供电局大力推广"电能替代"，其中，电磁厨房改造是其中重要内容之一，并取得显著成效。截至 2015 年 7 月底，累计促成电能替代项目 106 个，电替代总容量合计 5.11 万 kW，折算电量 1.23 亿 kW·h，相当于减少直燃煤 5.4 万 t，减排二氧化碳 12.3 万 t [3]。

"电从远方来"，目的在于建设特高压电网，把我国西部、北部的风电、火电、太阳能发电以及西南地区的水电大规模、远距离、高效率地输送到中东部，解决中东部能源消费瓶颈问题，提升电能在终端能源消费的比重，推动能源结构优化，改善生态环境，维护能源资源安全，促进绿色发展、低碳发展，达成资源更大范围的优化配置，最终实现经济社会的可持续发展。从 2013 年起的 8 年间，国家电网公司将投资超过 3 万亿元用于电网建设，在 2015 年、2017 年和 2020 年，分别建成"两纵两横""三纵三横"和"五纵五横"的特高压"三华"同步电网。届时特高压输电能力将达到450GW，每年可消纳1700kW·h清洁能源，替代标准煤，减排二氧化碳，减排二氧化硫。目前，国家电网公司"两交两直"（淮南—浙北—上海、浙北—福州交流，哈密南—郑州、溪洛渡—浙江金华直流）四项特高压工程正在加快建设。有数据显示，我国电能占终端能源消费的比重每提升1个百分点，单位GDP能耗可下降4%左右。供电企业作为电能替代的推进主体要进一步加强与政府相关部门的密切配合，一方面要积极参与和协助地方政府开展节能减排和环境治理工作，有效推动政府出台一系列有关电能替代的扶持政策；另一方面，要注重和充分利用政策对社会的鼓励、引导性作用，如扶持电采暖等政策，鼓励电力用发展电能替代项目，提高用户的积极性。

二、国外电能替代技术发展经验借鉴

现阶段，"以电代煤、以电代油、以电代气"三类电能替代消费模式占国外电能替代行业的主导位置。其中，"以电代煤"的政策以国内为主，在技术方面日本和美国较为先进，走在世界领先地位；"以电代油"的理念在全世界范围内较为一致，从政策到实践都比较完善；由于美国岩气革命的影响，"以电代气"的发展经验尚不成熟，在此方面，我国香港特别行政区和日本的全电化住宅发展较快，可谓是"以电代气"领域的典范。

1. 美国实施电能替代的主要措施

（1）政府政策发挥主导作用。美国政府新设农村电气化局，负责农业电气化工程项目审批，提升农村农业电气化水平，并制定了《农村电力技术标准》和相关管理制度，对农村电力企业提供技术指导。

（2）鼓励电动汽车产业发展。美国政府出资支持汽车生产商和相关企业进行电动汽车技术的研究与开发。美国政府设立专项资金，用来购买电动汽车或其他清洁能源交通工具。

2. 日本实施电能替代的主要措施

（1）完善基础建设，补贴电动汽车充电站。

（2）加大环境监管力度，增加化石燃料使用的征税比率。

（3）出台资金补贴政策。对使用环保设备的大、中、小型企业，政府出台了贷款贴息政策，鼓励清洁能源替代。

3. 欧盟实施电能替代的主要措施

（1）建立与完善相关标准。欧盟一直特别重视能效与用能设备质量管理的标准建设，电气标准、能效标准、排放标准的建立与完善对实施电能替代发挥着积极有效的作用。

（2）加强环境保护的社会影响力。在大部分欧盟国家，环境保护与社会诚信、社会责任相联系，无论是企业还是公民都积极主动配合政府工作，保护环境，减少污染物排放。

随着化石能源的大量消耗与日渐枯竭，仅依靠常规电源进行发电难以为继，电能替代在能源领域发挥的作用越来越重要。而电能替代技术的发展和应用，与各国各地的能源政策有着密不可分的联系。目前，各国面临的能源危机和温室效应双重压力日益增大，能源政策的制定与完善处于举足轻重的地位，对此，国内外要互相学习、互相借鉴，大力发展新能源与电能替代技术，共同应对国际能源危机与环境问题。

三、国内电能替代技术发展经验总结

我国现有城市 700 座，到 2020 年将达到 1500 座，二十一世纪二三十年代，中国人口将达到 15 亿~16 亿，一半人口居住在城市，集中供热采暖面积将成倍增加。截至 2012 年年底，全国在用工业锅炉 62.4 万台，其中燃煤工业锅炉 47.9 万台，每年约消耗 5 亿 t 标准煤，占全国煤炭消耗总量的 18% 以上；排放烟尘约 410 万 t、二氧化硫约 570 万 t、氮氧化物约 200 万 t，分别占全国排放总量的 40%、27%、9% 左右，是我国重要的污染源。全面实施电能替代工程，促进节能减排，根治大气污染，提高终端能源的使用效率，是大势所趋[4]。

自古以来，我国先后经历了用煤炭代替薪柴，用石油、天然气代替煤炭的阶段，目前，我国正朝着用新能源和可再生能源代替传统化石能源的阶段稳步前进。可再生能源要大量方便地利用和输送，最好的办法是将其转变为电能，因此，可以说现在已经进入了用电能替代矿物质能的时期。从 19 世纪末发明电力至今，电力工业的发展越来越快，电价越来越趋于合理，电器制造技术也在不断提高，这使得电力使用的领域在不断扩大，为电能替代提供了很好的支撑。21 世纪是世界电力工业的大发展时期，可再生能源利用技术的水平不断提高，已经有条件大量开发和利用可再生能源，电能替代薪柴、煤炭、石油和天然气的进程也将会加快[5]。我国作为世界最大的发展中国家，在全球能源结构调整方面起到很大的带头作用。

我国能源的利用效率比较低，因此，提升能源利用效率迫在眉睫，能源效率的提升空间也很大。根据我国的实际情况，电能替代的实施应贯穿于能源生产、能源输送、能源消费的每一个环节。

（1）能源生产环节。能源生产环节是实施电能替代的源头。我国具有丰富的可再生能源，特别是西部、北部有丰富的风能和太阳能，通过开发利用新能源，用清洁能源替代化石能源，改善能源生产结构。

（2）能源输送环节。在我国，能源配置的方式主要是输煤，该方式造成了严重的环境污染，环境问题亟待解决。因此，要在能源输送环节，实现以输电代替输煤，把西部、北部的火电、风电、太阳能发电远距离、大规模输送到东中部地区。

（3）能源消费环节。能源消费环节涉及人们生产生活的方方面面，要从生产生活的每个方面实施电力产品的替代。大力推广电炊具、电动交通工具、电力生产设施等电力产品的使用，减少对煤、石油、天然气等化石燃料的依赖。政府也应该发挥主导作用，建立健全电力产品激励与扶持政策，推动电能替代的高效实施。传统化石燃料引发空气污染示意如图 1-2 所示。

图 1-2 传统化石燃料引发空气污染示意图

▲ 第三节 电能替代技术应用及发展前景

　　能源是经济发展中必不可少的生产资料，更是人们日常必需的生活资料，它在国民经济，社会发展，建设和谐、资源节约型和环境友好型社会中具有举足轻重的作用。能源替代是能源领域科技进步和能源合理利用要求的反映。在人类历史上已经出现用煤炭代替薪柴，用石油、天然气代替煤炭，用可再生能源替代矿物质能源的过程。但是，随着我国空气污染等环境问题的影响日益严重，能源替代的选择开始得到了人们更高的关注，特别是一些具有对环境友好的可再生能源日益得到人们的青睐。而可再生能源要大量方便地利用和输送，最好的办法是将其转变为电能。因此，可以说现在已经进入了用电能替代矿物质能的时期[6]。

▋一、电能替代技术的应用

　　随着 19 世纪发明了电力能源以来，与电力相关的各种设备和技术得到了快速发展。电力的供应越来越稳定，电价也越来越合理，电器制造技术也在不断提高，这使得电力资源的适用领域在不断扩大，为电能替代提供了良好的基础。

　　如今，大力实施"电能替代"技术，提高电能在各个行业的消费比重，已是大势所趋。电能替代技术在诸多领域得到应用。

　　工业上，越来越多的钢铁企业、陶瓷企业用电加热（电锅炉等）代替煤或油加热。目前，我国燃煤锅炉用煤在散烧煤中占的比重很大，成为主要的大气污染源，这已引起了国家的高度关注。在"电能替代"技术的推进中，要把工业锅炉、工业煤窑炉的用煤改为用电，大力推广热泵、电采暖、电锅炉等电能替代技术，淘汰燃煤小锅炉，减少直燃煤[7]。

　　实施无噪声、无废气的电采暖，将环保、清洁的电能转化成热能，直接放热或通过热媒介质在采暖管道中循环来达到供暖需求的采暖方式,在众多采暖设备中优越性突出。

电锅炉和传统锅炉相比，节约了成本和占地、节省了人工费用，还实现了零污染、零排放。同时电锅炉具有稳定性高、便于操作的特点，生产中有利于提高产品的质量和科技含量。

生活上，推进家庭及餐饮行业的电气化，在居家生活中普遍使用电能，推广普及家电设备，例如，电饭煲、电磁炉、微波炉等电炊具代替燃煤燃气，使电能转换成光能、热能和动能，让电在居民全面小康道路上发挥更大、更积极的作用，以促进社会节能减排。

交通上，电气化铁路、电动汽车代替了燃煤燃油的交通工具，不仅加快产业发展，更减少了污染排放，提升了生活质量。

电能替代技术是在能源消费上实施以电代煤、以电代油、以电代气、电从远方来，推广使用各类生活电力产品、生产电力设施、电动交通工具等，提高电能的替代范围，减少化石能源的消耗，降低污染物排放，保护生态环境[8]。

▌二、电能替代技术的发展前景

1. 绿色发展，电能替代恰逢其时

实施电能替代是保障国家能源安全的重要举措，是治理城市雾霾等环境问题、实现绿色发展的有效措施，电的优势是电能替代技术的基础。

电能替代技术必须与经济水平和能源、电气制造的科学技术发展水平相一致，要讲求经济性和合理性，随着经济的发展，人民生活水平的提高，逐步实施，在可能的条件下提高全社会终端能源消费中的电力比重[14, 15]。

2. 电能替代的经济性分析

以煤为主的能源供应体系是我国能源污染日趋严重的主要原因。电力是最清洁、使用最方便的能源，电能在终端能源中的替代可以缓解经济增长对煤炭、石油、天然气等一次能源的依赖，减少各种能源危机带来的损失，为走出一条中国特色的新型绿色能源发展道路提供了机遇，具有十分积极的意义。

如表1-2、表1-3所示的各种终端生活用能的经济性比较中，把各种燃料的燃烧值转化为等效电能值，再把能源价格换算成电价，以电价为基准，进行能源经济性比较。从分析结果可以看出，在经济性能方面考虑，电能替代具有很强的可行性。

表1-2 几种主要终端生活用能的费用折算[9]

物质名称	热量换算系数	1单元燃烧值 (kJ)	热效率 (%)	等效电能 (kW·h)	单价 (元/单元)	折算电价 [元/(kW·h)]
原煤	20 934kJ/kg	21 000	50	3.0702	0.5000	0.1623
焦炭	28 470kJ/kg	30 000	70	6.1404	1.6500	0.2687
汽油	43 124kJ/kg	43 260	85	10.7518	7.3655	0.6851

续表

物质名称	热量换算系数	1 单元燃烧值 （kJ）	热效益 （%）	等效电能 （kW·h）	单价 （元/单元）	折算电价 [元/（kW·h）]
柴油	42 705kJ/kg	42 840	85	10.6474	6.6905	0.6284
天然气	35 169kJ/m³	35 280	85	8.7684	2.1500	0.2452
液化气	50 242kJ/kg	50 400	85	12.5263	6.9200	0.5524

表 1-3　　　　　　　　　几种主要终端生活用能的经济性比较

序号	物质名称	折算电价 [元/（kW·h）]	序号	物质名称	折算电价 [元/（kW·h）]
1	原煤	0.1629	4	峰时电价	0.4883
2	天然气	0.2452	5	液化气	0.5524
3	焦炭	0.2687	6	柴油	0.6284

3. 电能替代的环境影响分析

随着社会经济的发展，保护环境、减少污染是当今社会可持续发展的要求，淘汰污染严重的化石能源，选用高效环保的新能源是社会发展的必然选择。目前，造成我国大气污染的主要污染物为二氧化硫，除此之外还有氮氧化物、烟尘等，通过比较几种典型能源的环境影响值[15]（见表 1-4），可以看出电能替代化石能源的潜力将会不断增强，电能替代将具有更加显著的环境保护性。

表 1-4　　　　　　　　　几种主要终端生活用能的环境影响值

物质名称	等效能值	SO_2 排出系数	折算 SO_2 量	NO_x 排出系数	折算 NO_x 量
原煤	0.3257kg/t	16.2kg/t	5.2766g	1.88kg/t	0.6123g
焦炭	0.1629kg/t	23.895kg/t	3.8915g	2.25kg/t	0.3664g
汽油	0.0930kg/t	2.4kg/t	0.2232g	16.71kg/t	1.5542g
柴油	0.0939kg/t	8kg/t	0.7514g	3.21kg/t	0.3015g
天然气	0.1140m³	0.0000092kg/kJ	0.0009g	$3.75×10^{-11}$kg/kJ	0.1504g
液化气	0.0798kg	0.0136kg/t	0.0011g	0.88kg/t	0.0703g
电能	0	0	0	0	0

对终端使用者而言，电能是清洁、安全、零污染的能源，在终端使用 1kW·h 电没有任何环境影响，但选择烧煤或是燃油产生相同热量会造成大量污染。同时，由于国际社会空前关注气候变暖问题，加快结构调整，发展低碳或无碳能源将是一个迫切课题。因此，需要加强对电能的推广，大力发展电能在终端能源中的替代作用，构建稳定、经济、清洁、可靠、安全的能源形式，以不断满足日益增长的能源需求。

4. 其他能源要素分析

经济性和环境影响是电能替代的关键因素，实施电能替代技术除了考虑这两种因素外，还要分析其他因素，全面提升电能替代的潜力。通过对电力企业和能源消费的深入研究，影响电能替代的其他要素还包括电网企业节能减排能力、电能质量、电能市场占据能力、企业管理能力等方面。

▲ 第四节　电能替代技术的实施及意义

能源是国民经济的血液和动力，关系到经济社会正常运行和发展，也关系到生态环境及子孙后代的生存与发展。随着经济社会的快速发展，人类在积累了巨大物质财富的同时，也产生了如能源紧张、资源短缺、生态退化、环境恶化等一系列问题，迫切需要推动能源消费、能源供给、能源技术和能源体制革命。

电能具有清洁、高效、便捷等特点，其作为重要的二次能源，在未来的发展过程中，在能源结构从传统的矿物能源转向可再生能源为基础的持久能源系统的过程中，以电能替代非电能源，完成人类历史上的第三次能源替代是一个不可逆转的发展趋势。与此同时，电能替代的竞争力也越来越强，为了构建能源互联网，开发利用新能源，建设节约型社会，大力发展电能替代技术将是一条必经之路。实施电能替代对于保障能源安全、促进节能减排、保护生态环境、防治大气污染、提高人民生活质量等具有重要意义。

▌一、电能替代技术的实施

电能替代技术将是一个长期的发展过程，从能源的宏观战略角度讲，发展电能替代技术在目前发展中应把握以下两个方面：

（1）开拓电力市场，提高电能在终端能源中的比例。开拓电力市场就是挖掘市场潜力、寻找并实现新的用电增长点、改善负荷特性，提高企业的经济效益。电能服务产业正在逐步形成，电力系统资源的配置和使用正在优化，电能在终端能源中的比例不断提高，如图 1-3 所示。

图 1-3　电能服务产业逐步形成

具体体现有采用电采暖替代直接燃煤采暖、交通电气化、用房地产业的发展推动生活用电增长、寻找市政商服业的电力消费潜力、城乡电气化等。科技进步和社会发展推动了电气化发展，用电气技术替代燃料技术，能源效率可以提高，迎接新的可靠的能源保障体系。

（2）发展可再生能源，加快可再生能源发电的进程。可再生能源发电又简称为绿色电力，是国内外均在积极推广和鼓励的发电技术，利于解决能源短缺，改善能源结构不合理，减轻环境污染。

电气化水平是衡量一个国家和地区经济社会发展程度的重要指标。从国际经验来看，随着经济社会的不断发展，电气化水平将不断提高。与日本等国家相比，我国的电气化水平低约 5 个百分点。未来，我国电气化水平仍有较大提升空间。促进电能替代、提高电气化水平对于保障能源安全、促进节能减排、保护生态环境、提高人民生活质量、拓展售电市场具有重要意义。

二、电能替代技术的意义

电能替代不仅对于保障国家能源安全，治理城市雾霾具有重要意义，而且还是扩展电力市场，增加售电量的重要途径。

1. 实施电能替代能有效促进能源节约

目前，我国电气化程度还不高，一次能源转换成电力的比例还不到25%，而工业化国家平均已达 40%以上。我国大陆家庭的平均用电量还不及美国的 1%，也不及我国台湾地区的 4%。这些因素直接导致我国能源利用效率比较低。提高电能在终端能源消费的比重，把节能贯穿于经济社会发展全过程和各领域，高度重视城镇化节能，提高能源效率是一项长期的重要任务。加快发展节能环保产业，对拉动投资和消费，形成新的经济增长点，推动产业升级和发展方式转变，促进节能减排和民生改善也具有重要意义。

2. 实施电能替代能有效促进绿色低碳发展

我国农村人口近 10 亿，其中 3/4 以上农村人口的生活用能仍然是依靠柴草、蜂窝煤等，在城市中还存在大量工业煤炉、居民取暖厨炊等。这些方式不仅燃烧效率低，而且污染严重。随着机动车数量快速增长，排放也日益严重，这些均构成产生雾霾的重要因素。在终端用能环节实施电能替代煤和油，能显著减少污染物排放，改善生活环境质量，促进绿色低碳发展。

3. 实施电能替代能有效保证能源安全

当前，我国能源生产和消费面临着十分严峻的挑战，能源需求压力巨大，能源供给制约较多，能源生产和消费对生态环境损害严重，地缘政治变局也影响我国能源安全。面对能源供需格局新变化、国际能源发展新趋势，保障国家能源安全，必须推动能源生产和消费革命。随着特高压电网快速发展，促进了我国大煤电、大水电、大核电、大型可再生能源发电基地集约化开发，为全面推进电能替代提供了坚实物质保障。随着在全国范围内优化配置电力资源逐步实现，立足国内供应、实施电能替代成为保障能源安全的重要渠道。

目前，资源环境制约是我国经济社会发展面临的突出矛盾，而节能环保问题是一项亟需解决的重大问题，也是推动扩内需、稳增长、调结构，推动经济健康发展的一项重要而紧迫的任务。随着环境污染和气候变化不断加剧，生态环境保护压力不断增大，严重雾霾等恶劣天气更加警示人们加快生态文明建设的必要性和紧迫性。大力推广节能与能源高效利用技术，被视为治理大气污染和提高能源综合利用率的必要手段。电能替代助力节能环保产业发展如图 1-4 所示。

图 1-4　电能替代助力节能环保产业发展

《国务院关于加快发展节能环保产业的意见》明确指出，要加快节能技术装备升级换代，推动重点领域节能增效；继续采取补贴方式，推广高效节能照明、高效电机等产品；研究完善峰谷电价、季节性电价政策，通过合理价差引导群众改变生活模式，推动节能产品的应用。因此，电能替代技术在推动节能环保工作实施中前景广阔。

电能相对于煤炭、石油、天然气等能源具有更加清洁、便捷和安全的优势，长期以来电器和家电产品经过不断地更新换代，已成为规模化的生产，得到社会的认可，提高了生产效率和人民生活水平，并且便于实现智能化发展。电炊具、电热水器、家庭蓄热式电暖气、蓄热电锅炉、电动自行车技术成熟，已进入千家万户，蓄热电锅炉、电动汽车、发热电缆等新技术新产品发展很快。石油、天然气价格不断地上涨，使用电能更加实惠。因此，实施电能替代技术，对提高人民生活质量具有重要意义。

参 考 文 献

[1] 李春曦，王佳，叶学民，等. 我国新能源发展现状及前景 [J]. 电力科学与工程，2012，04：1-8.
[2] 蔺迎辉，徐含，孙秀亭. 我国新能源与可再生能源区域发展状况研究 [J]. 山东行政学院学报，2012，05：65-68.
[3] 张文亮，武斌，李武峰，等. 我国纯电动汽车的发展方向及能源供给模式的探讨 [J]. 电网技术，2009，04：1-5.

［4］牛东晓，张烨，谷志红．电能在终端能源中的替代研究［J］．现代经济（现代物业下半月刊），2008，S1：61-62．

［5］龚国军．城乡电能替代［J］．中国电力企业管理，2015，24：57-61．

［6］丛威，周凤起，康磊．我国能源发展现状及"十二五"能源发展的思考［J］．应用能源技术，2010，09：1-6．

［7］赵黛青，余颖琳，万英．我国能源的现状与发展［J］．科学对社会的影响，2006，02：25-29．

［8］蔺迎辉，徐含，孙秀亭．我国新能源与可再生能源区域发展状况研究［J］．山东行政学院学报，2012，05：65-68．

［9］牛东晓，张烨，谷志红．电能在终端能源中的替代研究［J］．现代经济，2008：61-62、65．

第二章

电 蓄 热 技 术

▲ 第一节 电蓄热技术原理

随着国民经济进入了较快的发展时期，工业企业效益逐步改善，我国电力需求持续高速增长。根据中国电力企业联合会年度快报统计，截至 2017 年年底，全国全口径发电装机容量为 13.6 亿 kW，同比增长 8.7%，其中非化石能源发电装机容量 4.5 亿 kW，占总装机容量比重为 33.3%。2014 年，全国全口径发电量 5.55 亿 kW•h，同比增长 3.6%，其中非化石能源发电量 1.42 万亿 kW•h，同比增长 19.6%；非化石能源发电量占总发电量比重自新中国成立以来首次超过 25%，达到 25.6%，同比提高 3.4 个百分点。全国发电设备利用小时为 4286h，为 1978 年以来的年度最低水平，同比降低 235h。

电力供应紧张不同程度地为企业生产及居民生活带来不便，对当前政府已营造的较好的投资环境投下了阴影。而电网峰谷差异常变大的危害显而易见，首先影响电能的产量、质量、安全以及经济运行，对电力企业及用户都有重大影响。高峰或低谷时，若电网调峰乏力，造成高峰时低频率以及低谷时高频率，将使电能质量降低，影响用户的可靠性；负荷峰谷差异常变大使远距离输电电网的潮流日峰谷变大，造成无功电压状况恶化，间接影响电压质量；同时，高频率、低频率对电力企业及用户的正常安全生产都会有不利的影响。另外，电网调峰发生困难，电量负增长，最大负荷高增长，峰谷差拉大。由于国产发电机组调峰能力差，调峰能力又不足，所以即使发、输、配电能力充足，也可能出现新的拉闸限电，使电力企业经济效益下降[1]。

电能消耗主要分为居民用电和工业用电两方面，两者的共性之一在于用电高峰集中在白天时段，用电低谷集中在夜间时段。以居民用电为例，将 1 天 24h（0:00~24:00）划分为 48 个时段，每个时段长度为 0.5h，根据一般家庭用电的情况统计见表 2-1。

表 2-1　　　　　　　　　　运 行 连 续 用 电 任 务

序号	家用电器	可运行范围	运行时长（h）	运行负荷（kW）
1	洗衣机	0:00~7:00	1	0.38
2	电热水器	0:00~6:30	0.5	2
3	电热水器	7:00~20:00	0.5	2
4	电水壶	0:00~6:30	0.5	1.2
5	电水壶	7:00~18:00	0.5	1.2
6	电饭煲	16:00~18:00	0.5	0.6
7	吸尘器	6:00~20:00	1	1.4
8	电熨斗	8:00~22:00	1	1.5
9	电视机	17:00~22:00	2	0.1
10	音响	17:00~22:00	1	0.1
11	便携计算机	9:00~22:00	2	0.1

序号	家用电器	可运行范围	运行时长（h）	运行负荷（kW）
12	台式计算机	9:00～22:00	8	0.4
13	浴霸	20:00～22:00	0.5	1

从表 2-1 可以看出，家用电器大多最晚使用到晚上 10 点，每天会有几个小时的用电低谷。我国目前在大部分地区，尤其是经济发达地区，实行了峰谷电费大额差价的政策。就是在早上 7 点至晚上 11 点时段，实行高位电价，为 0.8～1.2 元/（kW·h）；而在晚上 11 点至早上 7 点时段，实行低位电价，为 0.2～0.3 元/（kW·h）。如此大的差价，就是为了鼓励用电单位尽可能地在用电低峰时段使用电能，这样既可以大幅降低我国大部分地区的电力负荷，又能大幅提高我国的电力使用效率。在此背景下，为了实现电能的充分利用，引入电蓄热系统。

图 2-1　电蓄热机外观图

电蓄热系统是利用国家低谷电政策，在用电低谷时段，将电能转换成热能后，将热能存储于由某种蓄热物质制作的热存储设备中，待需要使用时，随用随取，以达到转移高峰电力、节省电费、减轻电力负荷和降低设备容量的需要[2]。

一、电蓄热机结构

普通的电蓄热机外观为长方体箱体，为了便于安装，管道设置在箱体下方，如图 2-1 所示。

电蓄热机主要性能指标见表 2-2。

表 2-2　　　　　　　　　　电蓄热机主要性能指标

机组型号	WB65.75
功率	75kW
机组尺寸（长×宽×高）	1900mm×1900mm×2085mm
可提供冬季供暖	1500m²
可提供 50℃生活热水	50t/天
供水峰值	2.08t/h
其他功能	夏季为热水型溴化锂中央空调提供制冷能源
节约电费	节省 60%以上用电成本
使用寿命	机组 30 年，发热管 3 年半（1 万 h）
自动化程度	智能、任意、自动调节温度（25～90℃）、无人值守、免维护

二、工作原理

在晚上用电低谷期间，机组利用廉价低谷电自动加热，将电能转换成热能并储存在保温箱内,根据用户热量需求逐步自控释放,将输入的冷水加热后,多时段、定时、任意温度输出。系统具有气候补偿功能,可根据室内温度变化和室内外温差,对输出水温在250～900℃内实时自动调节,按需蓄热、按需放热。对回水温度与出水温度差无特殊限制。可单机也可采用模块式多机组合工作。

将此工作原理应用于如图2-1所示的电蓄热机,不同结构工作原理图如图2-2所示,冷水由下部管道输入,输出时变为热水,上部的冷风经过蓄热块加热后变成热风。图2-3展示了电蓄热机内部工作原理,电蓄热机内部有发热管、保温层、蓄热介质、热风循环风机、热交换器、自动连接和连接部件,各部件名称及工作流程见表2-3。

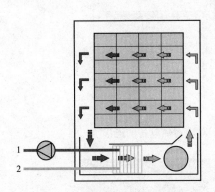

上部:冷风通过蓄热块被加热后变成热风

图2-2 电蓄热系统工作原理图

1—热水输出管道;2—冷水输入管道

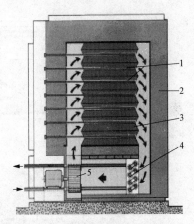

图2-3 电蓄热机主要结构及工作原理图

1—发热管;2—保温层;3—蓄热介质;

4—热风循环风机;5—热交换器

表2-3 图2-3中各部件名称及作用

序号	部件名称	作用	详 细 介 绍
1	发热管	产生热量	阻性材料,每台设备有近百只发热管,电阻发热管依次启动将电源转化为热量,转换率在99%以上
2	保温层	防止热量流失	纳米保温隔热材料;为保证储存热量不散失,包有多层特殊保温隔热材料,热损耗极小,每天低于2%
3	蓄热介质	吸收储存热量	高密度镁金属陶瓷特殊材料的蓄能块,储热密度大,可吸收900℃高温
4	热风循环风机	热量释放	通过1台内置无级调速电动机,驱动循环风机,将保温箱内冷空气送入蓄能块中的风道加热后进入换热器
5	热交换器	热量输送	把储热传递给热交换器。风机将热风送入机组底部的热交换器内与循环水交换,输入的冷水被加热后由循环泵送入管线输出热水。可根据室内外的传感器进行输出水温调节

三、电蓄热设备及其与使用终端的连接

电蓄热设备通常与一些需要制冷/制热的设备相连接,图2-4以散热片/地采暖/中央

空调为例，说明了连接方式。而在实际应用中电蓄热机通常安装在特定的机房中，图 2-5
和图 2-6 分别展示了楼宇的电蓄热模块组合机房实景及别墅的电蓄热中央空调、生活热
水系统机房。

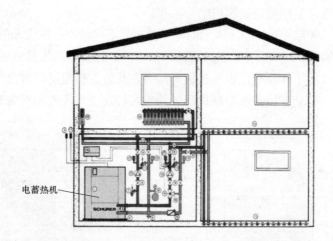

图 2-4　散热片/地采暖/中央空调与电蓄热设备的连接

图 2-5　楼宇的电蓄热模块组合机房实景

图 2-6　别墅的电蓄热中央空调、生活热水系统机房

▲ 第二节 电蓄热技术特点及适用范围

一、电蓄热技术分类

从第一节中了解到，电蓄热技术是指在电网低谷时段运行电加热设备对存放在蓄热罐中的蓄热介质进行加热，将电能转换成热能储存起来。在用电高峰期将其释放，以满足建筑物采暖或生活热水需热量的全部或者其中的一部分，从而达到电网削峰填谷的目的。按照蓄热量在采暖使用时提供的热量不同，这种蓄热模式可分为全量蓄热和分量蓄热。常用的电加热设备主要有电锅炉和热泵机组，而在蓄热技术的应用中，热媒有水、蒸汽、油及固体材料等，其中水是最常用的热媒。以水为热媒，有许多优点：价格低廉、取之方便、比热大、比容小、易调节、无环境污染，因此，蓄热系统按蓄热介质划分，可分为水蓄热、相变材料蓄热和蒸汽蓄热，其中水蓄热又分为常温蓄热和高温蓄热。

（一）电蓄热加热设备

电蓄热系统中的加热设备可分为电锅炉和热泵机组，由于电锅炉使用时间较长、技术成熟，应用也更为广泛。

1. 电锅炉的发热原理

电锅炉是一种将电能转化为热能的装置，其核心是电热元件，金属管状电热元件简称电热管，是目前所有电热元件中应用广泛、结构简单、性能可靠、使用寿命长的一种密封式电热元件。因为电热管是纯电阻性发热元件，不像热泵的制热效率随着冷凝温度的升高而降低，利用电加热能达到较高温度的热媒。热媒的吸热量等于电热管的发热量，用公式表示为

$$Q = \frac{U^2}{R} \tag{2-1}$$

式中 　Q——热能；

　　　U——电压；

　　　R——电热管的电阻。

2. 电锅炉的组成

电锅炉内部由电热管、炉体、电气控制元件三部分组成，具体功能如图 2-7 所示。

3. 电锅炉的分类

（1）按结构形式分有立式和卧式。
（2）按使用方式分有即热式和循环式。
（3）按锅炉提供的介质分有电热水锅炉、电热蒸汽锅炉和导热燃油锅炉。

（4）按炉体承压分有承压电锅炉和无压电锅炉。

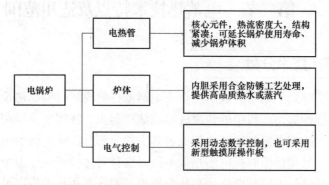

图 2-7　电锅炉的组成

4. 电锅炉的优点[3]

（1）电锅炉的筒体有较好的保温，而且不像燃煤锅炉和燃油锅炉那样有不完全燃烧和排烟等热损失，因此，电锅炉的热效率高。

（2）可以采用动态数字控制和屏幕操作，同时具有多重保护形式，操作简单，可实现全自动运行。

（3）电锅炉无需加料，噪声很低。

（4）无燃烧明火，消防安全性高。

（5）电锅炉机房内无废渣，也不会产生硫化物、氮化物等。

（6）由于附属设备少、电热管发热量大、炉体控制柜一体化，故电锅炉体积小，占地少。

（7）投资小、安装简便等。

（二）电蓄热技术蓄热模式

若依靠蓄热技术，将用电负荷从高峰转移到低谷时段，能取得良好的经济和社会效益。蓄热系统转移多少高峰负荷、应蓄存多少热量才最经济，关键是结合用热工况和当地电力政策正确选择合理经济的蓄热模式。与之相关的因素很多，主要有建筑物的采暖逐时负荷、电价政策、用电设备容量和蓄存空间等。蓄热模式通常分全量蓄热和分量蓄热两种。

所谓全量蓄热就是在非供热时间或电力低谷期间，利用电锅炉制热蓄存足够的热量，供应高峰时全部用热需求，因此，在用电高峰期电锅炉停止使用，热负荷完全由蓄热系统提供。采用该系统可最大限度地降低运行费用，节能效果非常显著，但电锅炉的容量和初期投资会有所增加。一些夜间无采暖负荷的建筑物可采用此模式，电锅炉利用低谷电全量蓄热，以满足白天全部负荷需要，但需要较大的蓄热容积；在蓄热生活热水系统中，因为水的蓄热温差大，最大能达到约 70℃，具有较大的单位容积蓄热量，所以模式非常适用。

分量蓄热的概念是利用非供热时间或低谷电蓄热，供热时则通过电锅炉和蓄热系统共同分担负荷。分量蓄热模式由于电锅炉的运行时间延长使得供热主机容量降低，同时利用低谷电蓄热，可降低运行费用，具有投资费用低、经济效益好的优点。一般舒适性建筑空调采暖均能采用此方案，特别是全天均开空调且负荷变化较大的建筑物空调采暖采用这种模式更佳，如宾馆、医院、某些工厂的生产供热及采暖等[3]。

（三）电蓄热技术的蓄热方式

电蓄热根据蓄热方式进行分类包括显热蓄热、潜热蓄热和化学反应蓄热三种。

显热蓄热是通过蓄热材料的温度上升或下降来储存热能。这种蓄热方式原理简单、技术较成熟、材料来源丰富及成本低廉，因此，广泛地应用于化工、冶金、热动等热能储存与转化领域。常见的显热蓄热介质有水、水蒸气、砂石等，这类材料储能密度低且不适宜工作在较高温度下。

潜热蓄热是利用相变材料发生相变时吸收或放出热量来实现能量的储存，具有单位质量（体积）蓄热量大、温度波动小（储、放热过程近似等温）、化学稳定性好和安全性好等特点。常见的相变过程主要有固-液、固-固相变两种类型。固-液相变是通过相变材料的熔化过程进行热量储存，凝固过程放出热量；而固-固相变则是通过相变材料的晶体结构发生改变或固体结构进行有序-无序的转变而可逆地进行储、放热。当前正在考虑的潜热蓄热材料有氟化物、硫酸盐、硝酸盐以及石蜡等有机蓄热材料。

化学反应蓄热是利用可逆化学反应通过热能与化学能的转化来进行储能。它在受热或冷却时发生可逆反应，分别对外吸热或放热，这样就可以把热能储存起来。其主要优点是蓄热量大，不需要绝缘的储能罐，而且如果反应过程能用催化剂或反应物控制，可长期储存热量。

（四）相变蓄热

相变蓄热在上述蓄热原理基础上，其蓄热介质采用潜热蓄热材料。潜热蓄热材料与显热材料相比，蓄热密度要高得多，能够通过相变在恒温下放出大量的热能，它们也储存少量显热，但因温度变化太小，这部分显热与潜热相比是很小的。发生的相变过程有四种，常利用的相变过程有固-液、固-固相变两种类型，固-气和液-气相变虽然可以储存较多热量，但因气体占有的体积大，体系增大，设备复杂，所以一般不用于储热。下面介绍常用的两种相变蓄热材料。

1. 固-液相变蓄热材料

固-液相变蓄热材料按使用温度范围分类，可分为高温蓄热材料和低温蓄热材料。高温蓄热材料主要应用于小功率电站、太阳能发电和低温热机方面。它主要分为四类：

（1）单纯盐。LiH 分子量小而熔化热很大（2840kJ/kg），已应用于人造卫星上作蓄热物质；LiF 也是一种理想的蓄热物质，以 550~848℃显热和 848℃熔化热开动斯特林热机，采用真空密闭型。缺点是价格高，只能应用于特殊场合。

（2）碱。碱的比热高，熔化热大，稳定性强。在高温下蒸汽压力很低，价格便宜，也是较好的蓄热物质。NaOH 在 287℃和 318℃均有相变，潜热达 330kJ/kg，在美国和日本已用于采暖制冷方面。

（3）金属与合金。金属必须是低毒、价廉。铝因其熔化热大、导热性高、蒸汽压力低，是一种较好的蓄热物质。Mg-Zn、AL-Mg、AL-Cu、Mg-Cu 等合金的熔化热也十分高，也可作为蓄热物质。

（4）混合盐。可根据需要将各种盐类配制成 120～850℃温度范围内使用的蓄热物质。其熔化热大，熔融时体积变化小，传热较好。

2. 固-固相变蓄热材料

固-固相变的潜热小，体积变化也小，其最大优点是相变后不生成液相，对容器的要求不高，由于这种独特的优点，固-固相变材料越来越受到人们的重视。而具有技术和经济潜力的固-固相变蓄热材料，目前有 3 类：高密度聚乙烯、层状钙钛矿、多元醇，它们都是通过有序-无序转变而可逆地吸热、放热[4]。

相变蓄热技术在一定程度上能够将过剩的能量储存起来解决能源供需时间不协调以及能源地域分布不平衡的矛盾，对能源利用效率的提高起到促进作用，在太阳能综合利用、纺织工业、建筑工业、工业余热回收、蓄热供暖、电力能源等领域应用广泛。

（五）固体蓄热

目前，绝大多数电热锅炉中的介质是水，也有部分电热锅炉使用导热油或其他介质。受水饱和温度的限制，蓄热电锅炉的水温不能过高，造成蓄能水箱的体积和壁厚过大，占地面积和材料消耗过多，给安装和管理带来不便，同时增加了蓄热装置的投资。采用导热油作为电热锅炉的介质，是由于导热油在常压下可达到较高的温度，可用于需要低压高温的地方。也可利用高温导热油，再将热量传递给水。但由于导热油价格较高，只能用于特殊的场所。

而固体蓄热储能装置却能解决上述问题。虽然一般固体材料的比热只有水的 1/3～1/4，但由于固体蓄热材料的密度为水的 2.5 倍左右，蓄热温度可达 800～1000℃，使固体蓄热材料的蓄热能力比同体积水的蓄热能力大 5 倍左右，蓄能器的体积大大减小。由于固体蓄热储能装置不承受压力，所以对其形状也没有特殊要求，装置的占地面积和设备投资大大降低[5]。

不同冬季热采暖方式的初投资和运行费用对比情况见表 2-4。由表 2-4 可知，利用固体电蓄热锅炉采暖的单位建筑面积初投资高于传统化石燃料锅炉和电热膜采暖，但远低于水蓄热电锅炉；其运行费用仅高于燃煤集中锅炉和热电厂采暖方式。若将经济和环保因素综合考虑，固体电蓄热仍不失为一种优良的冬季采暖方式。

表 2-4 　　　　　　　　　　　不同采暖方式的初投资和运行费用对比情况

采暖方式	单位建筑面积初投资（元/m²）	运行费用（元/m²）
水蓄热电锅炉	350	45.75

续表

采暖方式	单位建筑面积初投资（元/m²）	运行费用（元/m²）
固体电蓄热锅炉	200	28.00
燃气分散锅炉房	105	38.58
燃气壁挂炉	145	31.77
燃煤集中锅炉	180	23.42
燃煤热电厂	150	25.18
电热膜采暖	100	43.33

由以上分析可知，固体电蓄热技术克服了化石燃料锅炉和水蓄热锅炉的许多技术缺陷，有望在将来部分替代传统的采暖设备。然而受我国相关设计规范和技术措施所限，在某些特定条件下如利用可再生能源或低谷电蓄热等技术才允许或鼓励使用电采暖。此外，固体电蓄热装置目前尚缺乏传热过程的性能分析和一套科学准确的设计计算方法，因而其应用和推广受到一定影响[6]。

二、电蓄热技术特点

电蓄热技术的优、缺点见表 2-5。由表 2-5 可见，电蓄热技术是优点多于缺点的新兴技术，它的很多优点是处于发展阶段、我国迫切需要的。

对于电蓄热技术的缺点，则需要完善现有技术、鼓励技术人员研发学习、合理借鉴创新。有计划、有组织地开展利用电蓄热技术空调采暖等一系列的科学研究，要在吸收国外成功经验的基础上，制定出适合我国国情的新方法。开发研制电蓄热新技术、新产品，为了减小蓄热设备的体积、缩小占地面积、降低工程造价，应从提高蓄热温度、寻找新的蓄热介质（如上述介绍的固体蓄热介质）入手，投入更多的人力、物力。另外，选择几个条件较好、冬夏季负荷相当、距高压电源较近的工程作试点进行示范也是十分必要的，在各个试点中逐步发现不足，逐步改善技术，从一到多，逐步推广，让电蓄热技术逐渐令广大消费者信服，走进千家万户[7]。

表 2-5　　　　　　　　　电蓄热技术的优、缺点

序号	优点	缺点
1	减少装机容量，减少制热设备初投资	电制热设备运行时间增长，缩短了使用寿命
2	利用峰谷电价差，节省运行费用	系统初投资增加
3	单位时间内用电量减少，供配电设施相应减小	工作班次增加，人工费用增加
4	避免制热设备经常处于部分负荷状态运行而导致使用效率降低	蓄热罐体积较大，同时有一定的热量损失
5	有利于平衡用电负荷的峰谷差，缓解供电矛盾	采用开式循环方式时，水泵耗电量增加，水系统容易产生腐蚀
6	自动化水平高、运行安全可靠，可以更加灵活地调节和平衡供热方式	
7	不产生污染、噪声；属于所在地区的零排放，环保意义大	

三、电蓄热技术适用范围

我国大部分地区冬寒夏热，都需要采暖空调，尤其是城市楼宇饭店、宾馆写字楼、影剧院、体育场馆、商场及娱乐餐饮等场所，更是负荷大、使用时间短，而且大多集中在早晚（采暖）或午后（空调），而此时正是用电高峰，因此很适合用电蓄热技术转移高峰用电负荷[8]。

1. 建议采用电蓄热技术的地区[9]

在全国范围内实施峰谷电价差比较明显的地区，如果具有下列条件之一，而且综合经济技术比较合理时，就可以采用电蓄热技术。

（1）电力低谷时能使用闲置设备进行制热的，而且建筑物空调的冷、热负荷具有明显的不平衡，均可使用该技术。

（2）当空调建筑面积大于 $3000m^3$，而且使用空调时负荷的峰谷差大于 60%。常规空调系统的使用会造成装机容量过大，且空调系统长期运行于部分负荷下的，均可使用该技术。

（3）电网高峰时段与空调使用高峰时段重合，且在电网低谷时段空调负荷小于电网高峰时段空调负荷的 30%的。

（4）有避峰限电要求或者必须装设应急热源的场所。

（5）与上面各状况相同或者相似的，需要加热工业过程的，也可采用该技术[7]。

2. 建议优先采用电蓄热方案的地区

电蓄热技术在投入初期，要选取更有利于此项技术发展的地区进行推广，这样收益较大、作用较快、技术方面的不足也会更好、更及时地反馈。综合比较目前的一些电蓄热技术投入试点及技术人员的综合评估，总结出在具备下列条件的地区，使用电蓄热方案有一定的优势。

（1）天然气管网或城市供热管网在近期达不到，而环保又不允许烧煤的地区。

（2）水电丰富的地区而常规能源又很缺乏的地区。

（3）大中城市、旅游城市或防止烟煤型污染禁用燃煤而热电联产又达不到的地区；大中城市的住宅、公寓、别墅、宾馆等要求生活质量高的地区与场所，无法实现热电联产而小型燃机热电冷联产暂时不易实现的地区。

（4）实行峰谷电价而峰谷电价差距较大的地区。

（5）有相关用电优惠政策支持的地区或项目[8]。

▲ 第三节　电蓄热技术成本分析

发展电蓄热技术的目的之一就是要减少投资、增大收益。在对电蓄热技术进行介绍的基础上，应对其各个方面进行可行性分析，其中成本分析占首要位置。表 2-6 列出了电蓄热技术投资特点及详细分析。

表 2-6 　　　　　　　　　　　电蓄热技术投资特点及详细分析

投资特点	详 细 分 析
新增投资小	电蓄热错峰用电不需增容；无管网等配套设施，厂房无特殊要求，一机可三用；传统供热方式有市政管网、标准厂房等基础配套设施投资
运行费用少	电蓄热使用廉价低谷电，减少 60%以上用电成本；电蓄热设备寿命长、体积小、结构简单、免维护、全自动无人值守，无人工费用；燃煤、燃气和电锅炉等传统设备有大修、维修、保养、操作工人等费用
资金回笼快	根据电蓄热使用率不同，投资在 1～5 年收回后开始盈利，资产年年在增值；传统供热方式没有投资回收概念，按设备折旧，资产逐年递减至零

一、以北京市供暖为例

求北京 100m² 住宅供暖季（120 天）电蓄热供暖电费，参数见表 2-7。

表 2-7 　　　　　　　　　　　电蓄热供暖电费计算参数

项 目	参 数
型号	WB65.75
供热	1500m²
功率	75kW
住建部住宅供暖标准	50W/m²
供暖季节系数	0.5
北京地区谷电（23:00～6:00）	0.2944 元/（kW·h）
北京市燃气、电采暖收费标准	30 元/（m²·天）

采用电蓄热方式的供暖电费为

75kW÷1500m²×12h×120 天×0.5×0.2944 元/（kW·h）=10.5984 元/（m²·天）

与每天每平方米 30 元相比，节省约 20 元。

二、求宁波 10 000m² 宾馆电蓄热制取生活热水电费

宁波 10 000m² 宾馆电蓄热制水系统电费计算参数见表 2-8。制取 1t 热水所需热量公式为

$$Q=c×m×(t_2-t_1)$$

代值并计算得 $Q=1×1×(50-15)×1.163=40.7$（kW·h），宁波 10 000m² 宾馆电蓄热制取生活热水电费为 40.7kW·h×0.545 元/（kW·h）=22.18 元/t，按每天提供 50t 50℃生活热水可供 200 人宾馆使用，一年节约电费 30 万元左右，当年收回基本投资。

表 2-8 　　　　　　　　宁波 10 000m² 宾馆电蓄热制热水系统电费计算参数

项 目	参 数
制取热水的质量 m	1t
自来水的温度 t_1	15℃

续表

项　　目	参　数
制取热水的温度 t_2	50℃
水的比热 c	1
单位换算系数	1.163
宁波尖峰电价	0.687 元/h
宁波高峰电价	0.1068 元/h
宁波低谷电价	0.0454 元/h

三、某单位电热锅炉水蓄热系统[10]

电热锅炉水蓄热系统主要包括四大部分：电热炉、蓄热水箱、热交换器和热源系统循环水泵。系统可按用户要求，在任意时间设定多个不同的温度值，达到最佳节能效果。使用时，根据用户要求设定蓄热时段、供热时段、蓄热湿度、电锅炉出水温度、供水压力、蓄热水泵蓄热时工作频率等参数。

工程竣工至今，系统运行可靠、稳定、经济效益显著，通过改造后电热锅炉热运行工况、运行费用与改造前的集中供热进行比较分析，来评价本蓄热系统的性能指标。

电热锅炉蓄热系统经过设计和施工实际总投资 125 万元，而集中供热系统入网配套费按照热力公司的预算和物价部门的核算需要交纳 150 万元，这样初投资节省了 25 万元。集中供热采暖单价是按商业单位标准执行，为 7.5 元/（m²·月），采暖面积按每平方米建筑面积加层高系数 50 000，供热时间为 5 个月，年总费用为

$$7.5 元/（m^2·月）×50 000×1m^2×5 月=187.5（万元）$$

电热锅炉蓄热系统运行费用分三部分：

（1）电热锅炉晚上蓄热为

$$1710kW×8h×150×0.28 元/（kW·h）（低谷电价）=57.456 万元$$

（2）最冷天白天补充 3 小时直供为

$$1710kW×3h×150×0.46 元/（kW·h）（平价电）=1.7196 万元$$

（3）储热水泵为

$$15kW×24h×150×0.46 元/（kW·h）（平价电）=2.484 万元$$

费用三项总计 64.6596 万元。

从以上分析可知，电热锅炉蓄热系统年运行费用比集中供热所缴纳费用每年节省近 2/3，而且实际上由于采暖初期和末期不是满负荷运行，费用比概算还要低一些。

对于开发商来说，供暖方式有更多的选择。电蓄热一机两用，提供集中供暖和 24h 生活热水，降低设备成本，提升楼盘品质；南方探索无需市政管网集中供暖的新方式；是楼盘新卖点。电蓄热一机三用：提供冷、暖空调和生活热水，是高尚社区的理想设备。

对于住户来说，电蓄热技术可减少阶梯电价用电量（3 口之家可省 600kW·h/年），节省热水器购买、安装、维修、更新的循环重复投资，更便捷、更安全。

对于物业来说，按政府定价读卡收费，利润空间大，管理成本低。

对于政府来说，电蓄热技术是治理雾霾措施之一，替代燃煤锅炉，减少 $PM_{2.5}$ 的排

放。削峰填谷，科学用电，城市电网更安全。

从以上四个角度来看，电蓄热技术的发展为我国能源结构调整开启了多方受益的新模式。

▲ 第四节 电蓄热技术评价指标

电蓄热技术作为一种储能技术，有非常广泛的发展前景，本节从储能技术的评价指标体系入手，从社会效益、环境效益、经济效益三个方面提出电蓄热技术的评价指标。

一、电蓄热技术评价指标体系

蓄热技术能否在电力系统中得到推广应用，取决于是否能够达到一定的蓄热规模等级、是否具备适合工程化应用的设备形态，以及是否具有较高的安全可靠性和技术经济性。未来广泛应用于电力系统的蓄热技术，至少需达到兆瓦级/兆瓦时级的蓄热规模。蓄热系统能否以设备形态运用于电力系统是决定其能否得到大规模推广应用的重要因素。也就是说，投入应用的蓄热系统应易于批量化和标准化生产，便于控制与维护，可以作为电力系统中的一类设备，而不是以工程形态出现[10]。

安全与可靠始终是电力系统运行的基本要求，兆瓦级/兆瓦时级规模的蓄热系统对其安全与可靠性提出了更高的要求。能否在此规模及更大规模下安全、可靠地运行，将是评价一种蓄热技术能否大规模应用的指标之一。蓄热系统的安全问题与蓄热系统本身的材料体系、结构布局以及系统设计中所考虑的安全措施等因素相关。技术经济性是衡量蓄热技术能否得到推广应用的另一个根本性因素。以下从技术水平和经济成本两个方面对蓄热技术的评价标准进行分析。

1. 技术水平

要评判一种蓄热技术是否能够得到推广应用，首先应看该技术在主要技术指标上能否实现突破。转换效率和循环寿命是两个重要参数，它们影响蓄热系统的总成本。其次，在具体应用中，影响蓄热系统能量的蓄热设备体积和质量也是应该考虑的因素。体积能量密度影响占地面积和空间，质量能量密度则反映了对设备载体的要求。

2. 经济成本

在现有电价机制和政策环境下，单就蓄热技术的成本而言，远不能满足商业化应用的要求。同时，大规模蓄热系统的应用还要考虑相应的运行维护成本。因此，所关注的规模化推广的蓄热技术必须具备经济前瞻性，也就是说应该具备大幅降价的空间，或者从长期来看具有一定的显性经济效益，否则很难推广普及。对于隐性经济效益，由于缺乏具体实例，目前暂时无法给出定量的分析结论。对于显性经济效益分析，如果大规模蓄热系统应用于削峰填谷，可以采用峰谷电价差收益与单位循环寿命造价两者之间的差值关系来衡量蓄热技术的经济性。单位循环寿命造价由单位千瓦时蓄热系统造价、蓄热系统全周期循环的寿命损耗、蓄热系统的能量转换效率、蓄热系统运营成本以及蓄热系统外围平衡费用等构成。

二、电蓄热技术社会效益指标

电蓄热技术的应用与我国的政策是相辅相成的，因为电蓄热技术具有相当可观的社会效益。电蓄热技术能够转移高峰负荷，实现电网峰谷差的均衡。达到"削峰填谷"目的。同时，可以使新建电厂投资逐步减少。提高现有发电设备和输变电设备的利用率，也可以减少环境污染和能源利用（特别是对于火力发电）引起的影响，使有限的不可再生资源得到充分利用，使生态平衡得到合理调节[9]。

三、电蓄热技术环境效益指标

电蓄热采用洁净能源——电能，利用电蓄热技术，可以减小机组装机容量，节省用户的电力花费。从而起到削峰填谷、平衡电网负荷的作用，减少一次能源的直接消耗量，同时间接地降低了污染物的排放量。对城市不产生污染，对环境和社会没有任何负面影响，并能产生一定的经济效益[4]。

四、电蓄热技术经济效益指标

电蓄热技术在带来巨大的社会效益的同时，也产生了良好的经济效益。对于广大用户来说，良好的经济效益和良性的运行管理主要体现在[9]以下几方面：

（1）平衡电网峰谷负荷，提高发电效率，减缓电厂和供配电设施的建设，达到节能减排的效果。

（2）制冷主机容量减少，减少空调系统电力增容费和供配电设施费。

（3）利用电网峰谷负荷电力差价，降低空调运行费用。如沿海地区夏季 10kV 工商业用电白天峰电电价为 1.138 元/（kW·h），夜间谷电电价为 0.268 元/（kW·h）。差价达 0.87 元/（kW·h）。

（4）电锅炉及其蓄热技术无污染、无噪声、安全可靠且自动化程度高不需要专人管理。

（5）冷冻水温度可降到1~4℃，可实现大温差、低温送风调节，节省水、风输送系统的投资和能耗。

（6）相对湿度较低，空调品质提高，可有效防止中央空调综合症。

（7）具有应急热源，空调可靠性提高。

（8）热量全年一对一配置，能量利用率高。

▲ 第五节　电蓄热技术应用实例

一、电蓄热技术在写字楼等建筑内部的应用

（一）实例背景

现有 1 号、2 号、3 号、4 号办公楼，以其新式电蓄热采暖系统为例，办公楼的各类

参数见表 2-9。

表 2-9 办公楼采暖参数

项 目	参 数
采暖面积	8000m²
蓄热时间	8h
蓄热常温供热时间	10h
低温运行直供供暖时间	8h
蓄热低温运行时间	6h
冷水计算温度	4℃
热水输出温度	60℃
采暖热指标	70W
低温运行热指标	30W

（二）方案设计

1. 电蓄热采暖系统

（1）加热系统，如电加热器、加热循环系统、控制系统等。

（2）蓄热系统，如蓄热罐、保温层、补水及显示等。

（3）热交换系统，如板式交换器、循环系统、控制系统等。

（4）输出应用系统，如循环系统、控制系统、变频系统等。

（5）其他，如管道、时控、温控、配电箱、循环泵、阀门等。

2. 主要设备构成

该电蓄热供热机组由 1 台 540kW 电锅炉、1 个 116m³ 蓄热罐、1 台 20m² 板式交换器、3 组循环泵及自动运行控制柜等主要设备构成。可供 8000m² 采暖。

3. 电蓄热供热系统运行方式

电蓄热供热原理是在供电低谷时段 [23 点至 7 点，电价为 0.34 元/（kW·h）；其他时段约 0.75 元/（kW·h）]，用电锅炉把 116m³ 蓄热罐内的水加热到 90～95℃，为白天采暖提供能源储备。白天采暖时，通过循环泵和板式交换器，将生活用水提高到 50～60℃进行供暖。

（三）综合效益分析

改造前：采暖面积 7000m²，采暖温度低于 16℃，运行值班 4 人，2 套系统循环，运行费用（燃油及电）约 30 万元。

改造后：采暖面积 8000m²，采暖温度高于 18℃，运行值班 1 人，1 套系统循环。

改造前、后运行费用对比如下：每平方米运行费用为 300 000 元/7000m²=42.86 元/m²，多供 1000m²，运行费用多出 42.86 元/m²×1000m²=42 860 元；温度至少提高 2℃，按 2℃ 150 元/天计算，运行费用多出 150 元/天×140 天=21 000 元；节省 3 人，每人每月 800 元，共 4.5 月，运行费用减少 800 元/（人·月）×3 人×4.5 月=10 800 元；停掉 1 台系统循环泵，7.5kW/台，每日运行 12h，运行费用减少 0.75 元/（kW·h）×7.5kW×12h/天×140 天=9450 元；因为配电、锅炉、场地原因一个月多用平电 24h：运行功率为 480kW/h，480kW/h×24h/月×4.5 月=51 840kW，运行费用多出 51 840kW×0.75 元/kW=38 880 元。

如用低谷电：51 840kW/h×0.34 元/kW=17 626 元，节约 21 254 元；480kW×24h×0.75 元/（kW·h）=8640 元。同样的功率如采用低谷电：480kW/h×24h/月×0.34 元/kW=3917 元/月，每月差价为 4723 元。

11～12 月缴纳电费 42 000 元，如全部用低谷电可以缴纳为 37 277 元/月，37 277 元/月×4.5 月=16 7747 元；如果今年采暖面积为 8000m²，其费用大概为 42.86 元/m²×8000m²=34 2880 元。采用低谷电：42 000 元/月×4.5 月=189 000 元（概算）。

节省：154 744 元+21 000 元（提高温度）+10 800 元（减少值班人员）+9450 元（停掉一套循环）+21 254 元（平谷多耗电价）=21 7248 元。经估算：一个采暖期可节省 217 248 元[11]。

由上面的比较可以得知，采用电蓄热方式的运行费用比直接电采暖方式大大降低，并且采用电蓄热方式增加的初投资可以在 2～3 年内得到回收。因此，采用电蓄热方式具有良好的经济效益。

二、固体蓄热系统在建筑中的应用

用固体材料充当电蓄热介质有很多优点，本节以固体蓄热系统在建筑中的应用实例为例，分析其经济特性。

（一）实例背景

本工程为某开发区大拇指项目，总建筑面积 20 多万 m²，是一栋商业综合体建筑。在四层健身区内设计了一套供市民健身的游泳池，游泳池尺寸为 25m×11m（四泳道）=275m²，池深为浅水区 1.3m、深水区 1.6m（不设跳水台）。游泳池内设计水温为 29℃。

（二）方案设计

1. 热源的选择

某开发区没有一年四季的热源，仅有天然气，如果选用天然气锅炉，则锅炉房的设置位置受限，且建筑物的消防问题还有待研究。本设计经过调研选用 1 台 ZY-400 电加热固体蓄热炉，以满足其游泳池的加热（蓄热）需求（按照给排水专业提供的 30%蓄热设计，即低谷电蓄热时间为 8h），电加热固体蓄热炉的每小时用电量为 400kW。系统的工作压力为 0.4MPa。

2. 系统运行及工艺

低谷电时段蓄热（或加热），峰电时段供热。即在蓄热体内将发热介质由电能转化为热能后，通过热交换，将热能存储于固体蓄热体中。蓄热池外层采用高等绝热体，使高温蓄热池与外环境达到热绝缘。根据不同供热时间、不同供热时段，计算机可自动根据目标设定温度控制出水温度，达到恒温的智能供热控制，并有效地降低能耗，以节约能耗，降低运行费用。

3. 设计工况

一次水（蓄热端）供水温度为70℃，回水温度为60℃；二次水进水温度为5℃，出水温度为29℃。其温度控制由设置的自动温度控制器完成。

三、综合效益分析

1. 供电各时间段价格

（1）低谷段：23:00～07:00，8h，此时的电价为0.31元/（kW·h）。
（2）高峰段：08:30～10:30、18:00～19:00、21:00～23:00，5h，此时的电价为1.1元/（kW·h）。
（3）尖峰段：10:30～11:30、19:00～21:00，3h，此时的电价为1.34元/（kW·h）。
（4）平段：07:00～08:30、11:30～18:00，8h，此时的电价为0.81元/（kW·h）。

2. 蓄热分析

晚上8h蓄热（23:00～7:00低谷电价时段），白天供热，如果负荷降低，如气温升高或部分终端关闭降载等，此时通电加热时间会小于8h。如果出现极端天气，比如天气温度极低，此时可利用平电时段补充加热1～2h，即热量实际消耗使用多少就补偿多少。

3. 设备选型及运行费用计算

（1）根据游泳池的设计尺寸，可得知水的质量约为350t；水温从5℃升到29℃，计算温差是24℃；所需热量是9620kW；按照给排水专业提供的30%补充热量，即总补充热量为2888kW。
（2）低谷电时间段是8h，每个小时热量为2888kW/8=361kW。考虑到管道损耗等因素，选取ZY-400型固体蓄热设备1台。
（3）每日消耗电能为
361kW/h（实际消耗电能）×8h（每天8h蓄热）=2888kW
（4）运行费用：每天设备运行费用是：2888kW×0.31元/kW=895元；每月设备运行费用是：895元/天×30天=26 850元。

（5）根据统计和计算所得数据，将蓄热与电加热、天然气锅炉的运行费用进行对比，最终得出每月节约费用，见表 2-10；将直热炉、电蓄热器、燃气锅炉的初投资进行比较，通过计算，最终得出不同投资内容下的投资回收时间，见表 2-11。

表 2-10   蓄热与电加热运行费用对比

供热方式	电蓄热供热	电加热炉	天然气锅炉
—	低谷电蓄热器	电锅炉	燃气锅炉
锅炉热效率（%）	95	95	80
热值	3600kJ/（kW·h）	3600kJ/（kW·h）	34 750kJ/m^2
每天所消耗能源	2888kW·h	2888kW·h	374m^2
能源价格	0.31 元/（kW·h）	1.0 元/（kW·h）	4.2 元/m^2
每天运行总费用	895 元	2888 元	1571 元
每月运行总费用	26 850 元	86 640 元	47 130 元
每月节约费用	—	59 790 元	20 280 元

表 2-11   初 投 资 比 较

投资内容	直热炉	电蓄热器	燃气锅炉
设备主机价格（元）	80 000	522 916	150 000
附属设备（元）	50 000	50 000	50 000
总计（元）	130 000	572 916	200 000
投资回收期	初投资差额为 |130 000–572 916|=442 916 元 运行 8 个月即可回收初投资差额		初投资差额为 572 916–200 000=372 916 元 运行 19 个月可收回初投资差额

4. 结论

电加热式固体蓄热设备供热方案与水箱式电锅炉、燃气锅炉及燃煤锅炉相比较，采用高温固体蓄热器，使用低谷电蓄热、供水，可将运行费用降低，被称为"绿色供热设备"。电加热式固体蓄热系统储热能力强、供热稳定、热效率高、设备结构紧凑、占地面积小、噪声低、无污染、安装方便。利用电加热式固体蓄热系统，可大大降低电负荷的峰值，符合国家移峰填谷政策，降低了初投资，实现了环境效益和社会效益的共赢，具有广泛的推广和使用空间[12]。

参 考 文 献

[1] 陶莉. 峰谷电价政策对负荷特性的影响 [D]. 东南大学，2004.

[2] 陆青，谢品杰，冷亚军，等. 面向家庭智能用电的用电任务调度优化 [J]. 华东电力，2014.

[3] 方斌东，叶水泉. 电力蓄热技术应用 [J]. 制冷空调与电力机械，2004.

[4] 金听祥. 电蓄热技术的试验研究 [D]. 河南农业大学，2002.

［5］白胜喜，赵广播，董芃，等．固体电蓄热装置及经济性分析［J］．中国电力，2002．

［6］廖晋．固体电蓄热装置的传热特性研究［D］．哈尔滨工业大学，2014．

［7］黄木新，田丽华．某住宅小区电蓄热采暖技术的应用［J］．中国住宅设施，2004．

［8］张宗誉．大力推广电蓄热技术冬季供暖夏季供冷［C］．1999 年全国机械工业动力科技信息网年会暨中国动力工程学会热力专委会学术会议论文集．1999．

［9］许培德．基于电力蓄冷蓄热技术的探讨［J］．山东电力高等专科学校学报，2011．

［10］王松岑，来小康，程时杰．大规模储能技术在电力系统中的应用前景分析［J］．电力系统自动化，2013．

［11］张荣爱．浅论低谷电蓄热采暖在写字楼、学校等场所的进一步应用［J］．中国电力教育，2010．

［12］梁兆旺，王真光，李永安．固体蓄热系统及其技术经济分析［C］．山东省科学技术协会，2014．

第三章

冰蓄冷技术

19 世纪前，空调尚未发明，人们通常利用冰、雪、地下冷水或自然蒸发制冷等自然原理进行人工制冷[1]。随着科技进步，人们对生活水平和质量的要求也在不断提高，制冷系统不断改进。随着城市的高速发展，工业区外迁，工业用电逐渐减少，建筑能耗逐步增大，乡村人口大量进入城市，城市人员工作时间越来越集中，使得电力高峰供应不足而低谷过剩的矛盾越来越突出。对于这种矛盾以往多采用预留和增大配电设备的方法来对付，但此方法不仅增加了建筑成本，还增大了能源消耗。随着世界范围内的能源危机，促使蓄冷技术迅速发展，美国、加拿大、日本等国家将蓄冷技术引入空调用冷和工艺用冷中，积极开发蓄冷设备与系统，渐渐进入人们的视野。

如图 3-1 所示，蓄冷技术在系统中的应用按存储介质的类型和存储介质的使用方式的不同可分为：水蓄冷、冰蓄冷、共晶盐系统、气体水化合物蓄冷；按工作原理可分为潜热蓄冷、显热蓄冷和热化学蓄冷；按照蓄冷持续时间可分为昼夜蓄冷和季节性蓄冷；按照蓄冷时制冰剂与罐内介质是否接触可分为直接接触式蓄冷和间接接触式蓄冷[2]。目前，动态冰蓄冷技术已十分成熟和稳定，动态冰蓄冷技术的开发与研究是未来的热点和难点[3]。在本章中，将重点研究冰蓄冷技术的原理及特征，分析其在能源结构中的发展。

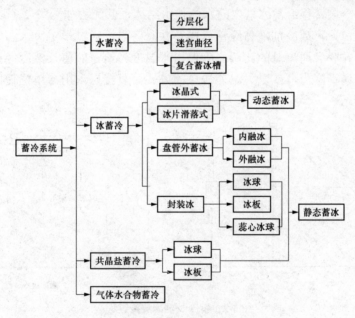

图 3-1　蓄冷技术分类

▲ 第一节　冰蓄冷技术原理

冰蓄冷技术是在夜间电网低谷时间，利用低价电制冰蓄冷将冷量储存起来，白天用电高峰时溶水，与冷冻机组共同供冷，而在白天空调高峰负荷时，将所蓄冰冷量释放满足空调高峰负荷需要的成套技术。其减轻了白天电网的高峰负荷，达到了电网削峰填谷，提高能源利用效率的目的。削峰填谷是指将高峰负荷的用户需求转移到低谷负荷时段。

冰蓄冷技术作为新世纪的重要节能手段发展方向之一,是造福人类并具有广阔的发展前景的新技术,有着良好的社会效应和经济效益。在世界能源和环保日益重要的今天,冰蓄冷技术已成为各个发达国家普遍推行的解决现代社会发展过程中能源紧张问题的有效手段,更是我国电力移峰填谷,提高电网用电负荷率,改善电力投资综合效益和减少CO_2、硫化物排放量,保护环境的重要手段。

一、冰蓄冷技术概述

冰蓄冷系统就是在不需冷量或需冷量少的时间(如夜间),利用制冷设备将蓄冷介质中的热量移出,以冰的形式进行蓄冷,然后将此冷量用在空调用冷或工业用冷高峰期。因此冰蓄冷系统的特点是转移制冷设备的运行时间,这样,一方面可以利用夜间的廉价电,另一方面也就减少了白天的峰值电负荷,达到电力削峰填谷的目的。

从结构上讲,冰蓄冷系统的主要特点是比常规制冷系统多了一套蓄冷设备,而制冷系统及空调箱循环风系统基本上与常规制冷系统一样。冰蓄冷系统运行的基本过程分为蓄冷和放冷过程,蓄冷过程为:夜间,载冷剂通过制冷机组和蓄冰槽与旁通构成蓄冷循环,将冷量转移给蓄冰槽内的水,使水结冰,其流程如图 3-2(a)所示;融冰放冷过程为:白天,载冷剂液体经蓄冰槽及并联旁通,通过设定出水温度调节阀控制蓄冰槽流量与并联旁通流量的比例,确保出水温度为给定的值,然后经换热系统将冷量并入常规空调管网内,或以大温差送风的方式,直接送入用冷单位使用,其流程如图 3-2(b)所示。

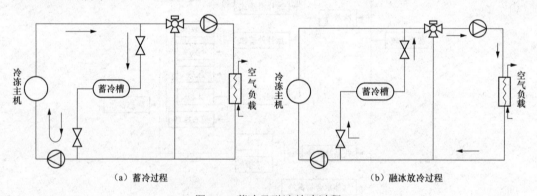

(a)蓄冷过程   (b)融冰放冷过程

图 3-2 蓄冷及融冰放冷过程

二、冷机与蓄冷装置的布置方式

从连接方式上讲,冷机与蓄冷装置的布置方式可以分成串联布置方式与并联布置方式两种,分别如图 3-3 和图 3-4 所示。

1. 串联系统

串联系统原理图如图 3-3 所示。

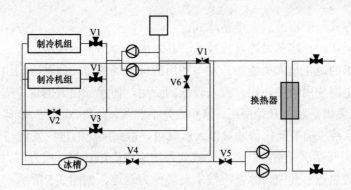

图 3-3 串联系统原理图

2. 并联系统

并联系统原理图如图 3-4 所示。

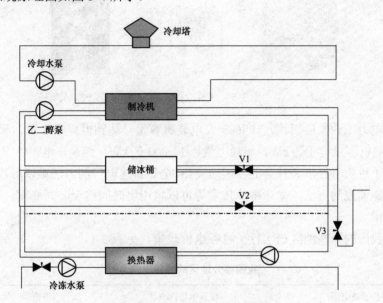

图 3-4 并联系统原理图

在图 3-4 的并联系统中，制冷机运行制冷，在储冰槽内制冰储存，即初级乙二醇泵运行，V1 门打开，V2、V3 门关闭；在融冰供冷时，过渡季节或空调供冷量小的情况下，停开制冷主机，将储冰槽冷量供空调系统使用，即次级乙二醇泵运行，V1、V3 门打开，V2 门关闭；在制冷机与融冰联合供冷时，白天空调高峰冷量由制冷主机制冷和储冰槽融冰冷量一起供板式换热器联合循环供空调系统使用，即制冷主机次级乙二醇泵运行，V2 门关闭。

▌三、冰蓄冷技术的运行方式

（1）制冰方式：静态制冰、动态制冰。

（2）蓄冷方式：全蓄冷式、半蓄冰式。

（3）制冰形式：直接蒸发冰蓄冷技术、盐水间接冷却蓄冰技术。

冰蓄冷技术的诞生是人类能源开发与利用的又一场革命。冰蓄冷利用电网峰谷之间的差异来平衡电网使用频率，用户投入较低的费用，便保证白天的供冷需求。这项技术是 20 世纪初在美国研制并开始应用，但开始并不普及。直到 20 世纪 80 年代发生世界性的能源危机，冰蓄冷的节能优势才被世人所瞩目，得到广泛的推广发展与使用。20 世纪 90 年代初，我国开始引进蓄冷技术，并被列入国家级火炬计划，成为电力部门和空调制冷界共同关注的热点。其中，冰蓄冷技术发展尤为迅速，如图 3-5 所示。

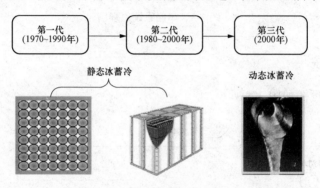

图 3-5　冰蓄冷技术的发展

我国的电力工业发展很快，1996 年发电装机容量已达到世界第 2 位，到 2015 年年底全国发电装机容量达 4 亿 kW，年耗电量达 12 000 亿 kW。但是，电力供应高峰不足而低谷过剩的矛盾随着经济和社会的发展而突出，全靠新建电厂的方法难以解决这种矛盾。而采用需求侧调控的方法，如冰蓄冷技术等可以将用电时间移至非高峰期，起到"移峰填谷"的作用。

目前，我国的一些地区已实行了峰谷电价政策，见表 3-1。

表 3-1　　　　　　　　　　　　我国部分地区的峰谷电价

城市和区域电网	峰谷电价比	电价差（元）
上海	1.76:1	0.263
京津唐电网	4.5:1	1.059
华东电网	3:1	0.4
福州市	4:1	1.2
武汉市	4:1	0.77
南昌市		1.55
杭州市	3:1	0.65

■ 四、冰蓄冷技术的运行策略

冰蓄冷系统转移多少高峰负荷、储存多少冷量才能保证系统具有最大的经济效益，首先取决于采用哪一种运行策略。所谓运行策略是指蓄冷系统以设计循环周期（如设计日或周等）的负荷及其特点为基础，按电费结构等条件对系统的蓄冷容量、释冷供冷或释冷连同制冷机组共同供冷做出最优的运行安排。冰蓄冷系统的运行策略可分为全量蓄冷策略和部分蓄冷策略[4, 5]。

1. 全量蓄冷策略

全量蓄冷系统是指设计日非电力谷段的冷负荷总量全部由蓄冷装置供应，此时，常规系统的运行时段"昼夜颠倒"，夜间非用电时段启动制冷机蓄冷，白天供电时段则制冷机组停止运行。全蓄冷系统的特点是完全利用低谷电力，移峰能力最强，可以大幅度节省电费，但蓄冷装置和制冷机组的装机容量较大，初投资较多。

2. 部分蓄冷策略

部分蓄冷系统是指设计日非电力谷段的冷负荷总量部分由蓄冷装置供电，此时，夜间制冷机储存部分冷量，白天供电时段则由制冷机组与蓄冷装置联合供应冷负荷的需要。在实际运行中，部分蓄冷系统在过渡季节由于冷负荷减少往往可以以全蓄冷方式运行。部分蓄冷系统的特点是蓄冷装置和制冷机组容量较小，利用率高，初投资少，但"移峰"能力较弱，节省电费相对较少。综合考虑，大多数部分蓄冷优于全蓄冷。

▲ 第二节　冰蓄冷技术特点及适用范围

■ 一、冰蓄冷技术特点

对于常规制冷技术，制冷机组是按系统的峰值负荷选定的，这些设备只有在短时间的峰谷负荷时，才能充分发挥其效益，而在大部分情况下，均在部分负荷下运行。而冰蓄冷技术可缩小机组装机容量达 30%～70%，制冷机组在满负荷高效率运行，并可均衡电网负荷，达到移峰填谷的目的。

1. 冰蓄冷系统的优点

与常规制冷技术相比，冰蓄冷系统具有许多优点，具体表现在如下诸方面：

（1）节省电费。蓄冷系统充分利用夜间的廉价电力，可节省运行费用；契约用电减少或完成免除，可使基本费用降低。

（2）节省电力设备费用与用电困扰。冰蓄冷技术的制冷机容量通常可减小，风机和水泵等容量也减小，用电量减小，这样可减少契约容量及电力申请费用，节省设备投资费。

（3）冰蓄冷技术效率高，具有节能效果。冰蓄冷技术的制冷机组通常处在满负荷运行状态，有利于提高主机运行效率；冰蓄冷技术通常在夜间开机蓄冷，可充分利用夜间环境温度的降低，使其冷凝温度下降，从而提高了制冷主机的冷量和满负荷性能系数（COP）。另外，冰蓄冷技术是连续运行，可避免间歇开机、停机造成不必要的能量浪费。

（4）节省冷水设备费用。供应低温水可使冷水温差加大，减少冷水循环量，可减少冷水管径及水泵马力。

（5）除湿效果良好。进、出风温差大，潜热比提高，故除湿量增加。

（6）断电时利用一般功率发电机仍可保持制冷系统运行。一般断电情况下，若备有一般功率电动机，就可驱动水泵及风机，使冰蓄冷技术放冷运行，继续供给室内空调或工艺用冷。

（7）可快速达到冷却效果。冰蓄冷技术一开机即可送出低温冷水，减少了预冷时间，也不必提早开机。

（8）可省系统及电力设备的保养成本。设备能量与数量减少，电力设备也减少，维护保养的工时费及材料消耗也相对减少。

（9）降低噪声。冷水流量与循环风量减少，即水泵与制冷机组运转振动及噪声降低。

（10）使用寿命长。蓄冷槽本身密封且无机械运转，故无需维护保养；制冷主机因为满载运转，且开停次数减少，运转状况稳定，故其使用寿命较其他制冷设备长。

冰蓄冷技术之所以得到各国政府和工程技术界的重视，是因为它不仅对电网有卓越的移峰填谷功能，而且对系统能源的品质、可靠性以及运行经济性也有促进作用。

2. 静态冰蓄冷系统的优点

静态冰蓄冷系统简单，已在大量工程中使用。其采用静态制冰方式，即在冷却管外或盛冰容器内结冰，冰本身处于相对静止状态。静态冰蓄冷系统具有如下特点：

（1）制冷系统制冰计量减少，不易泄漏。

（2）蓄冰槽内的水可以完全冻结成冰，储存体积较小。

（3）融冰时，由表面开始融冰（内融冰），若储存的冰未用完而开始制冰，则仍有盘管外表面开始制冰，传热效果好。

（4）采用载冷剂进行蓄冰和融冰，增加了一次传热损失，需靠增加传热面积来补偿。

（5）内融冰方式使结冰和融冰过程都比较缓慢，适合空调使用，不适合工业过程使用。

（6）结冰厚度为 10～50mm，在得到相同冷量的前提下，机组的蒸发温度要求更低，耗电量比常规系统多。

3. 动态冰蓄冷系统的优点

在冰蓄冷技术中，动态冰蓄冷系统发展迅速，优势明显，其采用动态式制冰，即冰相对于制冰设备处于运动状态，通过将普通水冷却至过冷状态（零度以下的过冷水），过冷水通过促晶器解除过冷状态，形成 0℃的冰水混合物（冰浆），如图 3-6 所示，储存于蓄冰槽中。动态冰蓄冷系统广泛应用于中央空调、工艺冷却、食品加工、水泥搅拌、矿井降温等领域。

图 3-6　蓄冰完成后的冰浆

动态冰蓄冷系统相比普通的冰球和盘管系统，其突出优点在于：

（1）初投资少。初投资的比较，如图 3-7 所示。

（2）运行费用低。运行费用的比较如图 3-8 所示。

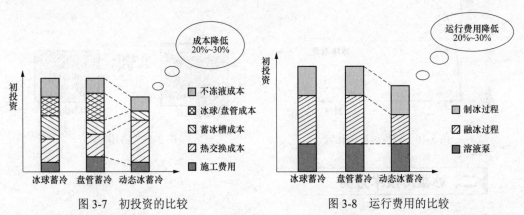

图 3-7　初投资的比较　　　　　　图 3-8　运行费用的比较

（3）主机的运行效率高。制冷主机的运行效率随着蒸发温度的降低而降低。传统冰蓄冷系统主机的蒸发温度在−11℃以下，而动态冰蓄冷系统主机的蒸发温度可提高至−6℃，故主机效率可提高 20%或以上。主机效率和制冰速度的提高如图 3-9 所示。

（4）融冰速度快，满足大符合要求。在传统冰蓄冷系统中，水与冰的接触面积小，取冷的速度较慢，难以适应大负荷运行。而动态冰蓄冷系统流态冰与水充分接触，换热效率大幅提升，可以在较大幅度内响应负荷的变化，冷量的利用率提高。放冷速度的比较，如图 3-10 所示。

（5）蓄冰槽占用空间少。动态冰蓄冷系统的蓄冰槽内全部充满流态冰，无蓄冰盘管和不冻液，蓄冰槽的利用率大幅提高。在相同蓄冰量的情况下，蓄冰槽的体积大幅缩小，所占用的空间小。占用空间如图 3-11 所示。

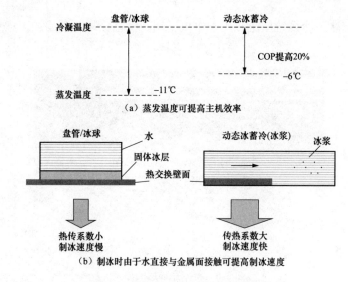

（a）蒸发温度可提高主机效率

（b）制冰时由于水直接与金属面接触可提高制冰速度

图 3-9　主机效率和制冰速度的提高

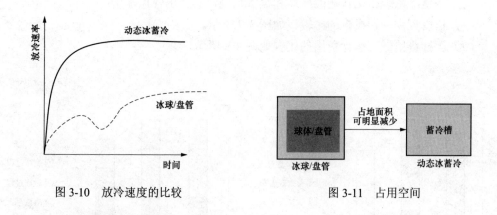

图 3-10　放冷速度的比较

图 3-11　占用空间

二、冰蓄冷技术分类

1. 冰球式（Ice Ball）

将溶液注入塑胶球内但不充满，预留一定膨胀空间。将塑料球放入蓄冰罐内，再注入冷水机组制出的低温乙二醇溶液，使冰球内的溶液冻结起来。融冰时，从空调负荷端流回的温度较高的乙二醇水溶液通过冰罐内塑胶球将冰球内的冰融化而释冷。

2. 完全冻结式（Total-Freeze-Up）

将塑料或金属管深入蓄冰筒（槽）内，管内通以冷水机组制出的低温乙二醇水溶液（也称二次冷剂），使蓄冰筒内 90% 以上的水冻结起来。融冰时，从空调负荷端流回的温度较高的乙二醇水溶液通过塑料或金属管内部，将管外的冰融化而释冷。

三、冰蓄冷技术适用范围

（1）写字楼、宾馆、饭店。

（2）机场、候车室、商场、超市。

（3）体育馆、展览馆、影剧院、医院。

（4）化工石油、制药业、食品加工业、精密电子仪器业、啤酒工业、奶制品工业。

（5）现有空调系统能力已不能满足负荷需求，需要扩大供冷量的场合，可以不增加主机，改造成冰蓄冷系统最有利。

▲ 第三节　冰蓄冷技术成本分析

随着我国产业结构的调整和人民生活水平的提高，空调设备不断普及，空调能耗在国民经济总能耗中的比重逐渐加大，正在向发达国家的30%靠近，目前，城市中空调系统用电量已占建筑物总量的50%左右，而占城市总用电负荷的比例也不断增长。

冰蓄冷中央空调系统是将冷量以显热和潜热的形式存储在某种介质中，并在需要时能够从储存能量的介质中释放出冷量的空调系统。冰蓄冷中央空调系统采用的是一种最有效获取分时电价差效益、节省电制冷成本运行电费的技术。其主要特点是节省能源开支，将高峰电价时段的空调负荷转移到低谷电价的时段。

（一）几种方案的比较

某大学新校区示范工程于 2010 年开始安装冰蓄冷空调系统，该校区建筑面积分别为公共教学楼 15 000m²，图书信息中心 37 000m²，学生食堂 16 200m²，文体馆 41 000m²。可选择用于本工程的空调方案有：

（1）集中冷热源（设一个空调机房），通过水管将冷（热）水送至各建筑物，由末端装置实现空气调节。

（2）每个建筑物设置一个空调机房，各自成立一个独立系统运行。

（3）分散的空调系统（VRV 多联机系统）。

对于方案（2），由于其配电容量大，机组效率不高，故未予以考虑。现将集中冷热源的冰蓄冷系统、直燃型溴化锂冷冰机组系统及 VRV 多联机系统的各项技术经济指标进行比较，见表 3-2。

表 3-2　　　　　　　　　多种系统的指标比较

项目	冰蓄冷系统	直燃型溴化锂冷水机组系统	VRV 多联机系统
建筑最大冷负荷（kW）	14 500×0.7=10 150	14 500×0.7=10 150	14 500
机房能源现状	电功率 1156kW	电功率：524kW；燃油：750kg/h	电功率：1778kW
系统总投资	2300	2265	1369

续表

项目	冰蓄冷系统	直燃型溴化锂 冷水机组系统	VRV 多联机系统
电力增容费（万元）	免	17	102
电力设施费（万元）	0	−48	308
政策	（1）国家供电部门鼓励多用低谷电，用蓄能产品免收增容费。 （2）国家经济贸易委员会等一系列相应的补贴	无	无
年运行费用（万元），制冷季节 120 天	49.32	288.63	74.55

由表 3-2 可知，冰蓄冷空调系统相对于其他两个系统都具有很好的优越性。

1. 冰蓄冷空调系统

（1）优点：

1）减少冷水机组容量，总用电负荷少，减少变压器配电容量与配电设施；

2）利用峰谷负荷电价差，减少空调年运行费用；

3）使用灵活、节能效果明显，舒适性好，调节方便；

4）具有应急功能，提高空调系统的可靠性；

5）启动时间短，只需 15～20min 即可达到所需温度；

6）特别适用于办公室、写字楼、体育馆、影剧院、商业中心等冷负荷要求变化大的场所。

（2）缺点：一次性综合投资略大，机房所需面积较大。

2. 直燃型溴化锂冷水机阻空调系统

（1）优点：最大的优点是节电，而且具有冷暖合一的功能。

（2）缺点：

1）能效比差；

2）制冷机组为负压环境，不易检修与保养；

3）受到环境保护及消防的限制；

4）在用燃气、燃油及直接用蒸汽作为动力时运行费用高；

5）溴化锂溶液具有"老化性"和腐蚀性，更换溶液费用高；

6）适合在有大量稳定废热产生的场所。

3. VRV 多联机系统

（1）优点：

1）节省设备机房所占面积；

2）VRV 空调系统具有冷热合一、一机两用的功能；

3）空气调节方便。

（2）缺点：

1）效率低、功耗大、运行费用高、一次性投资大；

2）受环境影响较大，设备容易腐蚀、寿命短；

3）系统检漏及修复比较困难；

4）如果变频出现问题，会产生液击现象；

5）冬季供热机组效率下降；

6）制冷机组无法放置在特定造型的建筑上。

通过以上分析可以看出，从投资的全寿命周期、节约能源及空调系统的舒适度考虑，冰蓄冷空调系统占有明显优势。

（二）实际运行成本的计算分析

为了更准确地计算出冰蓄冷空调的运行费用，监测一段时间的用电量，见表3-3。

表3-3　　　　　　　　　　　　实际运行中的用电量比较

日期	模式	图书馆风机房电量	图书馆水泵电量	冰蓄冷机房电量	各模式总电量
2015年8月15日20时~ 8月16日4时	制冰			4379	4379
2015年8月16日	供冷	2816	2368	4022	9206
2015年8月16日20时~ 8月17日4时	制冰			2852	2852
2015年8月17日	供冷	2816	2368	1205	6389
2015年8月17日20时~ 8月18日4时	制冰			4616	4616
2015年8月18日	供冷	2816	2368	1862	7046
电量合计			34 488		

电费=0.23×(4379+2852+4616)+0.52×(9206+6389+7046)=144 98.13（元）

平均每天电费（记录3天）=144 98.13÷3=4832.71（元）

按制冷季节120天计算，负荷率为80%，则实际空调年运行费用为4832.71×120×0.8=463 920.16元（小于前期计算费用493 245.31元），与直燃型溴化锂冷水机组系统、VRV多联机系统比较，节约运行成本60%。冰蓄冷空调大量节约运行费用，比普通中央空调有更高的空调品质。

（三）冰蓄冷系统成本投资应考虑的事项

冰蓄冷系统增加的投资包括蓄冰槽、系统控制、载冷剂。

冰蓄冷系统减少的投资包括主机、泵、冷却塔的容量及配电设备费、末端系统的投资、风机的功率、管路系统的尺寸、政府的相关政策和补贴。

另外，冰蓄冷可以提供比常规温度更低的冷冻水，可以使系统的投资成本进一步降低。低温冷冻水可以降低末端盘管的换热面积。盘管的翅片距离就可以适当放大，盘管的阻力就会下降，风机的风耗也会减低。冰蓄冷系统的初期投资相比常规系统有增加的部分，也有减少的部分，具体程度受到很多因素的影响。

（1）相对固定的部分。是指无论蓄冰量大小，其价格不变的设备，如注入泵、冷水机组、管路中的乙二醇；蓄冰系统的自控系统（BAS）以及控制阀；双工况主机的模块。

（2）蓄冰成本。是指与蓄冰量大小有直接关系的设备，如冰槽及槽内充注的乙二醇、乙二醇泵等。这些设备的投资成本与蓄冰量相关。

（3）常规设备。冷水机组冷水塔和冷却塔水泵的投资与蓄冰量的关系比较特殊，随着蓄冰量的增加，主机与塔泵的投资先减少后增加。

▲ 第四节　冰蓄冷技术评价指标体系

在高能源消费的时代，冰蓄冷技术带来的能源创新意义重大。在蓄冷空调领域的应用更是毋庸置疑。

所谓冰蓄冷空调[6]，如图 3-12 所示，就是在电力负荷很低的夜间，即用电低谷期，采用电动制冷机制冷，利用蓄冷介质的显热或潜热特性，用一定方式将冷量存储起来；在电力负荷较高的白天，即用电高峰期，把储存的冷量释放出来，以满足建筑物空调或生产工艺的需要。这样一来，制冷系统的大部分耗电发生在夜间用电低谷期，与常规空调系统相比，蓄冷空调系统可以均衡电网峰谷负荷，缓解电力紧张的问题。

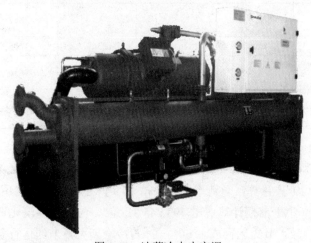

图 3-12　冰蓄冷中央空调

一、冰蓄冷技术的经济指标

冰蓄冷技术经济评价范围包括整个冰蓄冷系统与整个常规制冷系统的比较，比较的内容可以是表示经济性的投资回收期，也可以是对室内空气品质和舒适程度的评价等。进行经济评价方法有多种，常用的有简单静态经济评价方法和动态经济评价方法。

1. 简单静态经济评价方法

在确定方案初期，为简单起见，可用简单静态评价方法进行估算。

（1）冰蓄冷系统增加的初投资费用。冰蓄冷系统增加的初投资费用可按下式确定，即

$$\Delta I = I_S - I_C \tag{3-1}$$

式中　ΔI——冰蓄冷系统增加的初投资，元；

　　　I_S——冰蓄冷系统的初投资，元；

　　　I_C——常规制冷系统的初投资，元。

（2）冰蓄冷系统全年节省运行电费。全年节省的运行电费可按下式确定，即

$$\Delta P = P_c - P_s \tag{3-2}$$

式中　ΔP——冰蓄冷系统年运行电费的节省量，元；

　　　P_c——常规制冷系统的全年运行总电费，元；

　　　P_s——冰蓄冷系统全年运行总电费，元。

（3）计算投资回收期。冰蓄冷系统投资收回年限可按下式确定，即

$$n = \Delta I / \Delta P \tag{3-3}$$

对于部分负荷蓄冷运行模式。可以采用不同的蓄冷量进行经济比较，以求出最佳的部分负荷运行模式。另外，对于冰蓄冷系统的经济分析，国外已有较为成熟的计算机软件。

2. 动态经济评价方法

简单静态经济评价方法未考虑利息及涨价因素，常用于方案比较。当计算得出的投资回收期时间较长时，应考虑利息及涨价因素，即应采用动态经济评价方法进行计算评价。动态经济评价方法比较符合资金的流动规律，使评价更符合实际。

动态经济评价方法的投资回收期可按下式确定，即

$$\Delta P = \Delta I (1+i)^n \cdot i / \left[(1+i)^n - 1 \right] \tag{3-4}$$

式中　n——动态投资回收期，年；

　　　i——折现率；

　　　ΔP——冰蓄冷系统年运行电费节省量，元；

　　　ΔI——冰蓄冷系统增加的初投资，元。

在动态经济评价方法中，折算率是一个非常重要的因素，对结果会产生影响。可采用社会折现率，至少不应采用低于银行贷款的利率。

冰蓄冷系统虽具有移峰填谷、均衡用电负荷、提高电力建设投资效益等优点，但这种宏观经济效益是就国家的全局利益而言的，若要建蓄冷工程，还必须让建筑业主或企业得到好处，应该让业主及企业在经济上合算，有利可图。如果，由于当地的峰谷时间电价仍未拉大，或者其他优惠政策的力度不够；或者由于蓄冷设备与主机的价格太高，使蓄冷工作的造价居高不下，靠时间电价差来补偿所增加的初投资，无法在 5 年内回收（企业的回收期可以加长至 10 年），那么就应该放弃蓄冷工程方案。

▌ 二、冰蓄冷技术的社会效益指标

在能源消费逐年增加的情况下，应用冰蓄冷空调技术具有较大的社会效益，主要表现在以下几个方面：

（1）削峰填谷、平衡电力负荷。

（2）改善发电机组效率、减少环境污染。

（3）减少机组装机容量、节省空调用户的电力花费。

（4）改善制冷机组运行效率。

（5）蓄冷空调系统特别适合于比较集中、变化比较大的场合，如体育馆、影剧院、音乐厅等。

（6）应用蓄冷空调技术，可扩大空调区域使用面积。

（7）适合于应急设备所处的环境，如医院、计算机房、军事设施、电话机房和易燃易爆物品仓库等。

三、冰蓄冷技术的用户经济效益指标

冰蓄冷技术领域下的空调用户经济效益是与常规空调相比较而言的。一套空调系统的投入运行，其费用由两部分组成：系统的初投资和运行费用。初投资主要包括用于购买设备及其他为使系统投入运行所需的费用；运行费用则是系统全年运行所需的电费及相应的使用、维护费用。

1. 初投资比较

与常规空调系统相比，冰蓄冷空调系统提高了制冷设备的使用效率，可以减少 30%～50%的制冷机组装机容量和功率，从而降低电力增容费用（一般相当于降低初投资的 10%～20%）。但是由于增加蓄冰槽、热交换器等设备，其设备购置费用提高（一般相当于增加初投资的 20%～30%）。因此，冰蓄冷空调系统的初投资一般比常规空调系统高 5%～20%。

2. 运行费用比较

在冰蓄冷空调系统和常规系统中，由于电费占运行费用的绝大部分，而其他构成运行费用的成本，如人工费、材料费及维修费等所占比重都不大，且在两个系统中通常又都相差甚少，因此两者运行费用的比较，仅以电费对比即可。

冰蓄冷空调系统由于蓄冰过程热损失及换热损失等，总的耗电量比常规空调系统约高 30%，不过，大部分的耗电发生在用电低谷时段，如果电价结构合理，其运行费用应低于常规空调系统。

综合考虑初投资和运行费用，可以看出，关于冰蓄冷空调的经济性，需要对具体工程具体分析来得出结论。

▲ 第五节 冰蓄冷技术应用实例

一、实例背景

随着国民经济的发展，城市电网高峰用电日趋紧张，夜间"窝电"现象日趋严重，使电网的安全经济运行受到严重影响。为挖掘电网低谷潜力，转移各经营单位的高峰电荷，电力部门在 1998 年推广应用电力需求侧计算机管理系统（DMS），为冰蓄冷提供了广阔的发展前景。

冰蓄冷系统本身并不一定节电，但它的"削峰填谷"作用将对电力供应和生产带来显著效益并节约能源，具体表现在"削峰填谷"使电网供电平衡，可降低输、配电损失 5%～18%，充分利用移峰电力，可使发电的热质效率提高约 25%，转移用电，使功率因数改善，可节电 1%～2%。

1. 设备情况

冰蓄冷工程考察了动力车间某冷冻站，该站现有 YSLGF465A 螺杆盐水机组 3 台，每台制冷量为 456kW、电动机功率为 200kW，在用冷方面，考虑用螺杆机组给蓄冰罐蓄冷，然后蓄冷罐放冷供车间–5℃冷盐水。

2. 用冷负荷情况

在冷冻站附近 3 个车间用冷负荷情况见表 3-4。

表 3-4 车间中的用冷负荷情况

车间	高峰负荷（kW）	平均负荷（kW）
1	950	380
2	2058	550
3	460	116

3. 负荷选定

结合投资以及施工场地等因素，考虑用 1 台制冷机夜间蓄冷，总蓄冷量为 2950kW·h，从表 3-4 可以看出，2 车间冷量太大，无法保证夜间 1 台机组始终蓄冷；3 车间冷量太小，蓄 1 次冷可满足车间 1.5d 的用量，不能充分体现蓄冷优势，所以选 1 车间，总蓄冷量可满足车间高峰时段使用要求，平电段由制冷机正常供冷。

二、方案设计

本设计方案采用法国西亚特公司（CIAT）冰蓄冷技术。用专利技术的蓄冰球，其相变温度为–10.4℃，通过自控系统能保证为工艺设备提供稳定的–5℃的氯化钙水溶液。机组蓄冷时供水温度为–16.5℃。利用 1 台机组在电力低谷段向蓄冰设备蓄得冷量，在电力高峰段利用夜间蓄得的冷量供冷，同时根据车间工艺用冷情况开启盐水机组供冷。

如图 3-13 所示，由于制取的冰浆可自由输送，制冰机组可与蓄冰槽完全分离，所以该系统可根据工程建设现场现有的空间自由组合，大幅度提高场地适应性和空间利用率。此外，系统融冰时回水直接与冰浆进行混合，热交换率、融冰效率和负荷相应性能大幅度提高。

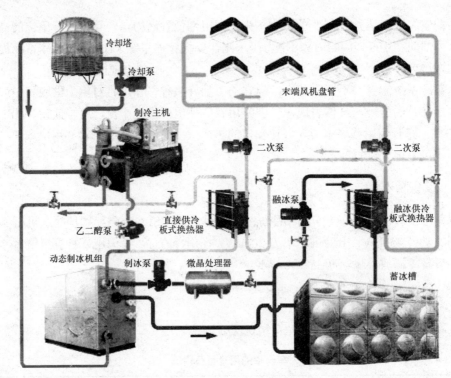

图 3-13 冰蓄冷技术方案

三、效益分析

1. 对环保的社会效益

（1）我国能源结构中煤约占 3/4，火力发电厂占了很大比例；而燃烧 1t 煤平均排放的 CO_2 达 490kg、粉尘为 13.6kg、SO_2 为 14.8kg，造成严重的环境污染。采用蓄冷空调技术可少建或缓建电厂，明显减少环境污染，实现电能替代。

（2）采用蓄冷空调提高了空调制冷系统的整体效率，提高了现有发电设备与电网的利用率，提高了全社会的能源利用系数，可更合理、经济地开发与使用我国的能源资源。

2. 新技术的经济效益分析

冰蓄冷空调工程的经济比较分析要比常规空调工程复杂得多，其原因有：

（1）由于各地区电网的缺电状况、夏季峰谷负荷差不尽相同，所以各地供电部门所采取的经济手段——时间电价结构与增容建设费的收费标注也各不相同。

（2）冰蓄冷空调的运行电耗与建筑物的冷负荷特性、蓄冷方式、运行策略、控制模式有着密切关系。

（3）蓄冷装置的种类很多，其蓄冷与放冷特性曲线差异也较大，而且所要求配套的制冷机也各不相同。因而初投资也会有较大差异。

3. 综合效益

冰蓄冷技术已经成熟，我国的蓄冷事业也步入迅速发展的良性轨道，而且随着政府部门的大力提倡，电能替代政策的必然走向，蓄冷的综合效益分析受到广大用户的青睐，在未来具有广阔的发展前景。

参 考 文 献

[1] NAGENGAST B.Comfort from a block of ice: a history of comfort cooling using ice [J]. ASHRAE 1999,41（2）：49-55.

[2] 高清华，肖睿，何世辉，等. 直接蒸发式内融冰式冰蓄冷空调蓄冰机理研究 [J]. 流体机械，2008，36（3）：56-60.

[3] 张永铨. 国内外蓄冰技术的现状与展望 [C]. 首届中国制冷空调工程节能应用新技术研讨会论文集，2006.

[4] 李树林，南晓红，等. 制冷技术，北京：机械工业出版社，2003.

[5] BRIAN S. Application fundamentals of Ice based thermal storage [J] ASHRAE,2002.

[6] 严德隆，张维君. 空调蓄冷应用技术 [M]. 中国建筑工业出版社. 1997.

第四章

热 泵 技 术

热泵技术是近年来在全世界备受关注的新能源技术。人们所熟悉的"泵"是一种可以提高位能的机械设备，如水泵主要是将水从低位抽到高位。而热泵是一种能从自然界的空气、水或土壤中获取低位热能，经过辅助能源（通常为电能）做功，提供可被人们所用的高位热能的装置。

▲ 第一节 热泵技术原理

热泵是一种制热装置，该装置以消耗少量电能或者燃料能为代价，能将大量无用的低温热能变为有用的高温热能，如同泵送热能的"泵"一样，热泵的工作过程可与水泵进行类比[1]，如图4-1所示。

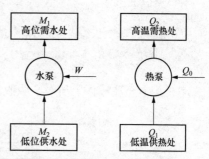

如图4-1所示，水泵消耗少量电能或者燃料能 W，将大量水从低位处泵送到所需要的高位处。热泵同样消耗少量的辅助能源（Q_0），将环境中蕴含的大量免费的低温热能（Q_1），转换成能够满足人们使用需求的高温热能（Q_2）。根据热力学第一定律 Q_0、Q_1、Q_2 之间满足下面的关系式，即

$$Q_2 = Q_0 + Q_1 \tag{4-1}$$

图 4-1　热泵和水泵的工作工程类比

式中　Q_2——热泵最终输出的高温能量，kW；

Q_0——热泵工作消耗的辅助能量，kW；

Q_1——热泵从低温热源中吸收的能量，kW。

从式（4-1）可以看出，热泵输出的高温热能总是大于自己所消耗的辅助能量，然而用燃料加热、电加热等装置进行制热时，所获得的热能一般小于所消耗的电能或者燃料的燃烧能，这是热泵装置与普通加热装置的根本区别，同时也是热泵制热最为突出的优点。此外，热泵在向外输出高温热量的同时，也从低温热源处吸收热量。因此，热泵不仅可以用来供暖也可以用来制热。即热泵具有制冷和加热的双重功能，这也是热泵的一大优点。

热泵按照工作原理的不同，主要有蒸气压缩式热泵、吸收式热泵[2, 3]两种最为常见的类型。下面就具体分析不同种类热泵的工作过程。

一、蒸气压缩式热泵

蒸气压缩式热泵由压缩机、冷凝器、节流膨胀部件、蒸发器等基本部件构成。在其中注入循环工质。循环工质通常有过冷液、饱和液、湿蒸气、饱和气、过热气五种状态[3]。工质的低温液被加热至某温度时，会发生汽化（或者沸腾、蒸发等）并加热；反之，工质的过热气被冷却至某温度时，会发生凝结（或者冷凝）并放热，沸腾和冷凝都被称为相变，随着压力的变化，相变的温度也随之发生变化。压缩机推动工质在各个部件中循环流动，热泵工质在蒸发器中发生蒸发相变，吸收低温热源的热能；在压缩机中由低温

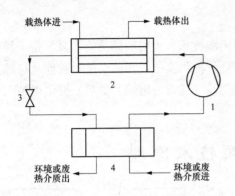

图 4-2　蒸气压缩式热泵结构示意图

1—压缩机；2—冷凝器；3—节流膨胀部件；4—蒸发器

低压变为高温高压，并吸收压缩机中的驱动能量；最后在冷凝器中发生冷凝相变放热，把蒸发、压缩过程中获得的能量供给用户。蒸气压缩式热泵结构示意图如图 4-2 所示。

二、吸收式热泵

吸收式热泵由发生器、吸收器、溶液泵、溶液阀共同作用，起到与蒸气压缩式热泵中压缩机相同的作用，并和冷凝器、节流膨胀阀、蒸发器等部件组成封闭系统，在其中充注液体工质对。吸收式热泵结构示意图如图 4-3 所示。

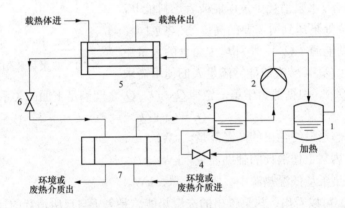

图 4-3　吸收式热泵结构示意图

1—发生器；2—溶液泵；3—吸收器；4—溶液阀；5—冷凝器；6—节流膨胀部件；7—蒸发器

循环工质对就是循环工质和吸收剂溶液，吸收剂和循环工质的沸点差别很大，循环工质沸点低，吸收剂的沸点高，循环工质在吸收剂中有较大的溶解度并且吸收剂对循环工质有极强的吸收作用。高温热能加热发生器中的工质对浓溶液会产生高温高压的循环工质蒸汽进入到冷凝器中；在冷凝器中循环工质凝结放热变为高温高压的循环工质液体，进入节流阀；经过节流阀后变成低温低压的循环工质饱和气与饱和液的混合物，进入蒸发器；在蒸发器中循环工质吸收低温热源的热量变成蒸汽，进入吸收器；在吸收器中循环工质蒸汽被工质对溶液吸收，吸收了循环工质蒸汽的工质对稀溶液经热交换器降温后被不断泵送到发生器，维持发生器和吸收器中液位、浓度和温度的稳定，实现了吸收式热泵持续地输出热能。

▲ 第二节　热泵技术特点及适用范围

热泵装置不仅可以起到升温的作用而且可以用来制冷，因此热泵装置可以达到一机两用的效果。热泵机组在进行能量转换的过程中是通过消耗一定的辅助能量（通常是电能），在装置内部换热系统循环工质的共同作用下，从环境热源中吸收低温热能，然后转换成高温热能输出。高温热源的很大一部分能量来自于低温热源中的能量。因此，比起其他机械装置，在达到同样效果的前提下，热泵装置只需要消耗少量的辅助能量。除此之外热泵装置在整体运行时不排放任何对大气环境有害的气体，对于节约常规能源，缓解环境压力，减缓温室效应起到积极的作用。总体来说，热泵技术有着节能、高效、环保、一机多用的特点，但根据低温热源来源的不同，不同的热泵装置仍有各自的使用范围。

一、热泵技术低温热源分类

利用热泵进行制热时，容量大且温度适宜的低温热源是其核心部分，热泵常用的低温热源有环境空气、地下水、地表水（河水、湖泊水、城市公共用水等）、海水、土壤、工业废热、太阳能、地热能[4, 5]等。常用低温热源的基本特性见表4-1。

表 4-1　　　　　　常用低温热源的基本特性

种类	环境空气	地下水	地表水	海水	土壤	工业废热	太阳能	地热能
温度（℃）	−15～35	6～15	0～30	0～30	0～12	10～60	10～80	30～90
气候影响	大	小	较大	较小	较小	较小	较大	小
便捷性	是	否	否	否	是	否	是	否
利用方法	主要热源	主要热源	主要热源	主要热源	辅助热源	辅助热源	辅助热源	主要热源

各种低温热源分情况分述如下：

1. 环境空气

环境空气作为热泵低温热源最大的优点就是可随时随地利用，并且其装置和使用比较方便，对换热设备无害。但它的缺点同样显著，比热容小，为满足供热量，室外侧蒸发器所需风量较大，热泵体积大，有噪声；参数（温度、湿度）随地域和季节、昼夜均有很大变化。

2. 地下水

地下水的年平均温度为10℃左右，一年四季比较稳定，非常适宜作为热泵热源。但地下水的利用需要征求相关管理部门的许可；同时需要有蓄水装置，对水质也有要求。

3. 地表水

利用地表水作为热泵的低温热源时，也需要先得到有关部门的许可。地表水作为热泵的低温热源的优点是可以省去利用地下水时建造和维护井的费用，且在近河、近湖等处容量丰富。地表水作为热泵的低温热源的缺点是水温变化大，尤其是冬季可能会遇到结冰的情况；地表水可能比较脏，热泵和地表水之间需要加入过滤装置。

4. 海水

海水作为热泵低温热源时的优缺点与地表水类似，所不同的是海水的资源丰富，其温度变化一般也小于地表水。对于近海地区利用海水为低温热源进行热泵制热非常适合。

5. 土壤

通过地表水的流动和太阳辐射热的作用可将土壤的表层加热。从土壤表层吸取热量作为热源，优点是温度稳定，不需风机或水泵采热，无噪声、除霜要求。而相应的缺点是土壤的传热性能欠佳，需要传热面积大，占地面积较大。

6. 工业废热

在民用和工业领域，都存在着大量的余热或废热，可以用来作为热泵的低温热源进行升温再利用，这样不仅可以达到节能的目的，同时还可以减少对环境的污染。

7. 太阳能

太阳能作为热泵低温热源的优点是随处可得，但缺点是强度会随时间、季节的变化而变化，而且波动较大，能量密度较低。因此，常用于辅助加热。太阳能热泵设备投资也较高。

8. 地热能

地热能是蕴藏在底层深处的热能，其温度在 $30 \sim 100℃$ 之间。我国有丰富的地热资源，可以用地热能作为热泵的低温热源。但是，地热能的采集通常会受到场地的限制。采集浅层地热能最常用的方式是地下水井方式和地埋管方式，这两种方式都需要较大的场地。

二、空气源热泵特点及适用范围

空气源热泵以空气作为"源体"，通过冷媒作用，进行能量转移。目前，主要应用于家用热泵空调器、商用单元式热泵空调机组和热泵冷热水机组。以空气为低温热源的热泵空调系统结构[6] 如图 4-4 所示。

蒸发器吸收室外空气中的热量，通过工质循环经过压缩机升温升压后进入室内的冷凝器放热给室内空气，并通过室内空气循环使室内温度维持在适宜的温度，该装置除了可以在冬季供暖以外，还可以在夏季将室内的空气制冷，只需要在压缩机进、出口处装置四通阀转换循环工质的流向，使冬季的冷凝器作为夏季的蒸发器，冬季的蒸发器作为夏季的冷凝器即可。

1. 技术特点

（1）成本低、易操作、采暖效果好、安全、干净。

（2）空气源热泵既能在冬季制热，又能在夏季制冷，能满足冬夏两种季节需求，而其他采暖设备往往只能冬季制热，夏季制冷时还需要加装空调设备。

（3）相比太阳能、水源、地热源热泵等形式，空气源热泵不受夜晚、阴天、下雨及下雪等恶劣天气的影响，也不受地质、燃气供应的限制。

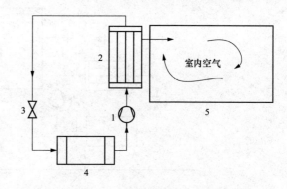

图 4-4　空气源热泵结构示意图

1—压缩机；2—冷凝器；3—节流阀；4—蒸发器；5—房间

（4）存在环境适应问题，面对极严寒的气候，尤其在我国北方，空气中的热能少，所能转换的热能也就有限。

（5）普通的空气源热泵的工作效能在-10℃或更低的极低温环境中会大打折扣，影响机组整体运作，无法保证采暖或热水供应。

2. 适用环境

空气源热泵适合环境温度高于 0℃，且冬季对采暖需求不大的区域。常用于生活热水及空调制冷。适用地区有华南、西南等地。

3. 适合对象

适合公共建筑（如宾馆、医院、学校、写字楼等）的生活热水系统或独立性建筑（如别墅、公共浴室等）的空调及生活热水系统。

三、地热源热泵特点及适用范围

地源热泵是一种利用地下浅层地热资源既能供热又能制冷的高效节能环保型空调系统。地源热泵通过输入少量的高品位能源（电能），即可实现能量从低温热源向高温热源的转移。在冬季，把土壤中的热量"取"出来，提高温度后供给室内用于采暖；在夏季，把室内的热量"取"出来释放到土壤中去，并且常年能保证地下温度的均衡。图 4-5 即是以土壤为低温热源的热泵结构示意图。

1. 技术特点

（1）使用电力，没有燃烧过程，实现对周围环境无污染排放。

（2）不需使用冷却塔，没有外挂机，不向周围环境排热，没有热岛效应。

（3）不抽取地下水，不破坏地下水资源。

（4）一机三用：冬季供暖、夏季制冷以及全年提供生活热水。

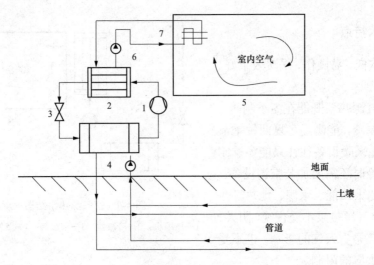

图 4-5 地热源热泵结构示意图

1—压缩机；2—冷凝器；3—节流阀；4—蒸发器；5—房间；6—泵；7—室内换热器

（5）具有更低的运行成本[7]，比锅炉加热节省 2/3 以上的电能。

此外，由于地热源热泵的热源温度全年较为稳定，其制冷系数较高，为 4.4 左右，与空气源热泵相比，可以高出 40%左右。同时，地热源热泵应用会受到不同地区、不同用户及国家能源政策、燃料价格的影响；一次性投资及运行费用会随着用户的不同而有所不同。

2. 适用环境

地热源热泵适合环境温度低于-10℃，且冬季需要采暖的区域。同时，该区域地下土壤温度相对恒定于 12～15℃，岩层薄，具可挖掘性。适用地区有华中、华北、西北、东北等地。

3. 适合对象

适合 2000m² 以上的公共建筑（如宾馆、医院、学校、写字楼等）的采暖及生活热水系统或 300m² 左右的独立性建筑（如别墅、公共浴室等）的采暖及生活热水系统。

四、太阳能热泵特点及适用范围

太阳能热泵主要是指太阳能热泵热水器，它采用蒸汽压缩式制冷热泵循环原理进行工作，只是将太阳集热器与热泵蒸发器结合成一体，使得制冷剂在太阳能集热蒸发器中直接获取太阳能等低位热能而蒸发（也称为直膨式热泵系统）。它主要由太阳能集热蒸发器、压缩机、冷凝器、热力膨胀阀、储热水箱等部件组成，该装置的具体工作过程如下：

晴天，经热力膨胀阀节流后的低温低压制冷剂首先流入太阳能集热蒸发器中，通过吸收太阳辐射能而蒸发，蒸发后的制冷剂被压缩机吸入并压缩成高温高压的气体，然后被排入设置在储热水箱底部的冷凝器中,制冷剂蒸汽通过与水进行对流换热而得到冷凝,同时水得热而升温,冷凝后的制冷剂经热力膨胀阀又重新流入太阳能集热蒸发器中,由此完成一次循环。阴天或夜间,太阳能集热蒸发器也可以通过吸收大气中的显热和潜热来维持正常的热泵循环,从而可以全天候地生产热水。

1. 技术特点

(1) 集热效率高、成本低,当集热板的工作温度低于环境温度时,太阳能集热蒸发器不仅没有热损失,反而从环境中吸收部分热量。

(2) 全天候工作,太阳能热泵热水器在晴天可以利用太阳能产生热水,而在阴雨天或夜间又可利用大气中的显热和潜热作为热泵的低温热源。

(3) 易于与建筑实现一体化。太阳能集热蒸发器通常采用质轻体薄、价格便宜的裸板集热器,不仅安装极其方便,而且容易与建筑实现一体化集成。

(4) 安全可靠、使用寿命长。

(5) 系统初期投资较高。

2. 适用环境

对于环境要求不高,在太阳能资源丰富的地区有更高的集热效率。太阳能只作为辅助能源,该系统通常只用于产生生活热水。

3. 适合对象

适合 $300m^2$ 左右的独立性建筑(如别墅、公共浴室等)的生活热水系统。太阳能热泵热水器结构示意图如图 4-6 所示。

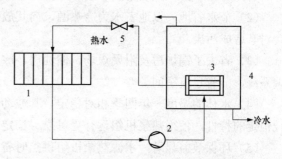

图 4-6 太阳能热泵热水器结构示意图
1—蒸发器;2—压缩机;3—冷凝器;4—水箱;5—热力膨胀阀

五、水源热泵特点及适用范围

水源热泵技术是利用地球表面浅层水源如地下水、河流和湖泊中吸收的太阳能和地热能而形成的低温低位热能资源,并采用热泵原理,通过少量的高位电能输入,实现低位热能向高位热能转移的一种技术。

水源热泵结构示意图如图 4-7 所示。

地球表面浅层水源如深度在 1000m 以内的地下水、地表的河流、湖泊和海洋中,吸收了太阳进入地球的相当的辐射能量,并且水源的温度一般都十分稳定。水源热泵机组工作原理[8]就是在夏季将建筑物中的热量转移到水源中,由于水源温度低,所以可以高效地带走热量;而冬季,则从水源中提取能量,由热泵原理通过空气或水作为载冷剂提升温度后送到建筑物中。

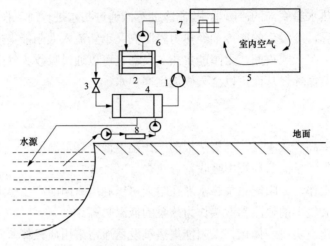

图 4-7 水源热泵结构示意图

1—压缩机；2—冷凝器；3—节流阀；4—蒸发器；5—房间；6—泵；7—室内换热器；8—水质预处理单元

1. 技术特点

（1）高效节能，水源热泵机组循环的蒸发温度高，能效比高，因此机组运行效率也高。

（2）节水省地，以地表水为冷热源，向其放出热量或吸收热量，不消耗水资源，不会对其造成污染。

（3）省去了锅炉房及附属煤场、储油房、冷却塔等设施，机房面积大大小于常规空调系统，节省建筑空间。

（4）水体的温度一年四季相对稳定，其波动的范围远远小于空气的变动，水体温度较恒定的特性，使得热泵机组运行更可靠、稳定，也保证了系统的高效性和经济性。

（5）环保效益显著，水源热泵机组供热时省去了燃煤、燃气、燃油等锅炉房系统，无燃烧过程，避免了排烟、排污等污染。

（6）供冷时省去了冷却水塔，避免了冷却塔的噪音污染，对环境非常友好。

2. 适用环境

水源热泵适合环境周边有江、河、湖、海等大面积地表水域，且冬季需要采暖或夏季需空调的区域。同时，该区域水温相对恒定于 12～15℃。适用地区有山东、深圳、湖南等地。

3. 适合对象

适合 20 000m² 以上的公共建筑（如宾馆、医院、学校、写字楼等）的采暖（空调）及生活热水系统。

热泵技术除了大范围应用于城市公共服务供暖制冷外，在种植养殖以及农副产品加工储存等需要供热制冷的领域也可以广泛使用。总之，因地制宜的充分利用各类低温热源或者余热、废热，采用热泵技术为不同的需要加热场合（或者同时制冷），开发各类适合生产、生活实际需要的热泵应用技术，对于缓解能源紧张、减轻环境污染以及温室效应有着重要的意义。

▲ 第三节 热泵技术成本分析

热泵装置的成本主要包括直接运行费用（电费）、运行的附加费用以及初期投资费用。其中直接运行费用是主要的开支，初期投资费用和装置的规模有关，而运行的附加费用一般较小。

一、热泵的经济性分析

1. 直接运行费用

由热泵的工作原理可知，热泵机组能从周围空气获取大量的免费热量，一般情况下，每消耗 1kW·h 电能产生 3～4kW·h 电以上的热量。机组的满负荷性能系数（COP）平均可达 3～4 以上，相当于热效率超过 300%～400%，比用直接电加热方式节能 67%～75%以上。运行费用是普通电热水器的 1/4、燃气热水器的 1/3、燃油热水器的 1/2.5、太阳能热水器的 1/1.5。

2. 运行的附加费用

由于效率高，运行费用低，是电锅炉的 1/3～1/4，而且可以大大降低供电负荷，节约电力增容费。跟燃气燃油锅炉比较，无需相应的燃料供应系统，因此热泵装置不需要燃料输送费用和保管费、排渣运输费等。设备紧凑，操作、维护简单，无需人工管理费用。检修周期较长，因锅炉设备与高温烟气接触，构件极易受损；而热泵系统构件少，磨损少，平时无需任何检修。压缩机、热交换器等主要零部件运行可靠，使用寿命长。

3. 初期投资费用

热泵初投资费用常大于锅炉房设备（指单纯为冬季供热而设）。相同容量的制热设备比锅炉设备贵。此外，初投资与装置规模有关。但是热泵机组可以达到一机两用的效果，即冬季利用热泵采暖，夏季进行制冷。这样可以节约制冷机组的费用。如果已有地热井，则可利用热泵装置进行梯级转换，同样能大大节省热泵装置的初期投资。机组大都安装在室外，如裙楼或顶层屋面、敞开的阳台等处，无需设立专门的设备房，不会占用有效的建筑面积，这样可以节省土建投资。

二、热泵的运行成本分析

下面以空气源热泵热水系统为例，与其他常规加热方式的经济效益进行比较。

计算的前提条件如下：

（1）假设太阳能无法工作时间为 120 天/年。

（2）加热 1000kg 水、温升为 40℃ 计算。

（3）各种燃料单价由当地市场所定，由于全国各地不统一，这里单价属于普遍价格，仅供参考。

由表 4-2 数据可以得到在每天加热 1t 热水的情况下，使用空气源热泵热水器年运行费用只比燃煤锅炉略高，燃煤锅炉是最便宜的，而用电热水器最贵。热泵的动力费用与电价有直接的关系，而与其他加热方式相比还要视其他燃料的价格而定。而在每天加热 200t 热水时，空气能热泵热水器年运行成本是电加热热水器的 1/5 左右、燃气热水器的 1/3 左右、常规太阳能的 2/3 左右。由此可见热泵热水器能以最小的能源获得最大的经济效益，比燃气炉效率高得多，适合长期投资。

表 4-2   各种加热设备的经济效益比较

供热方式	燃煤锅炉	天然气锅炉	液化热水器	热水器	太阳能	空气源热泵
燃料	煤	天然气	液化气	电	电	电
燃烧值（kJ）	14 393	33 472	45 187	3598	3598	3598
热效率（%）	65	70	80	95	95	400
能源需求量	18kg	7.1m³	4kg	48.9℃	8.9℃	11.6℃
燃料单价（元）	0.5	2.8	8.2	0.8	0.8	0.8
1000kg 热水燃料总价（元）	9	19.88	32.8	39.12	39.12	9.28
1000kg 热水年运行费用（元）	3240	7152	11 808	14 083	4694.4	3340.8

由表 4-2 数据可以得到，在每天加热 1t 热水的情况下，使用空气源热泵热水器年运行费用现实中，常规太阳能往往会让人产生零成本运行的误解，而在实际情况中，由于阴雨天气和夜晚的影响，太阳能是无法全天候工作的，它每年有接近 1/3 以上的时间要利用其它辅助能源加热，以致运行成本远远超过热泵热水的成本，另外从表 4-2 中可以看到，在不考虑人工及其他费用的情况下，采用热泵方案仅比燃煤锅炉方案略贵。但是，随着能源政策的进一步落实和实施，在实际工程中，虽然热泵运行费用率略高于燃煤的直接成本费用、整体配套工程初投资稍多些，但具有能量利用率高、环保等特点，只要完善系统相关技术的配套，就具有很好的广泛推广应用价值。因此，从成本效益及环境方面看，热泵热水机组使用是最节能的。

▲ 第四节　热泵技术评价指标体系

热泵技术的应用越来越广泛，但对于整个热泵系统的绩效评价仍没有一套统一的指标体系。热泵系统评价指标体系是指对整个热泵系统在一定周期内由于能源使用引起的能源利用效率、经济性能、环境性能等能量系统评价指标的测量和计算，并比较评价的指标值与目标值的过程。一套科学严谨的评价指标体系对于推动行业技术进步、提高产品质量、规范市场有着举足轻重的作用。

本节将从热泵技术的能效性指标、经济性指标以及环境性指标三个方面进行分析，按照系统性原则、科学性原则、可操作性、可重复性原则[9]建立起一套多层次、多因素、多目标的评价指标体系，为热泵技术评价指标体系的推广应用提供参考。热泵技术评价指标体系图如图 4-8 所示。

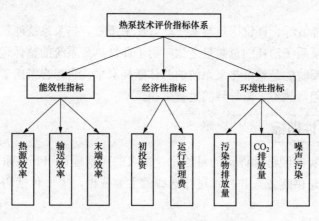

图 4-8　热泵技术评价指标体系图

一、能效性指标

热泵系统的能效性是整个系统评价的基础，它直接影响整个系统的经济性和环境性。热泵系统能效指标是提高能源效率的重要工具，反映了系统对输入能量的有效利用程度，根据热泵系统的组成，其能效性指标主要有机组效率、输送系统效率和末端系统热效率。

1. 机组效率

目前，评价热泵机组能效的指标主要有满负荷性能系数 COP、综合部分负荷性能系数 IPLV 和全年性能系数 APF。我国主要采用 COP 和 IPLV 为指标来评价热泵机组的性能。在实际情况中，由于热泵机组多处在部分负荷工况下运行，仅用 COP 无法体现机组绝大部分时间的运行能效情况。因此，热泵机组的能效水平必须同时满足标准中规定的满负荷 COP 和部分负荷 IPLV 的限值要求。

2. 输送系统效率

输送效率反映了热泵系统输送热量的运行效率。水泵也是热泵技术中采暖或供水系统中重要的耗能设备，热水的循环和输配能耗占整个系统能耗的 15%～20%。测试和调查结果表明，在采用水冷式机组的热泵系统中，冷冻水泵和冷却水泵的年能耗量应分别占机组年耗电量的 20% 左右，若超过 20%，则说明热泵系统的设计或运行不合理。

3. 末端系统热效率

热泵技术在供暖系统中的末端主要有风机盘管、地热盘管等末端系统。风机和表面式换热器是风机盘管末端设备的主要组成部分。风机盘管的能耗主要是风机的电能消耗。风机盘管末端系统的能效可采用采暖系统末端能效比和风机效率来表达。根据低温地板辐射采暖系统的放热原理，地板辐射采暖的换热量主要由地板表面与室内围护结构等各表面的辐射换热和与室内空气之间的对流换热构成。地热盘管末端系统的效率一般用放热效率来考量。

整个系统的能效综合评价用热泵系统能效比来衡量。热泵系统能效比是热泵系统产生的总热量与热泵系统消耗的总热量之比，用于评价热泵系统的整体运行效率。单位面积供暖能耗指标反映的是整个热泵系统的总体能耗水平，它综合考虑了热泵系统的综合运行效率指标和因供热不平衡导致的过量供热。

二、经济性指标

对热泵系统实施经济性评价的目的是使得人们直观地认识到该系统经济性和合理性。经济性指标是供暖方式和技术进行选择的主要依据，主要包括初投资和运行管理费用。

1. 初投资

热泵系统主要由热源机组、热媒管路和末端系统以及其他的一些配套设备构成。热泵系统的初投资主要是指构成系统的设备成本、安装调试费、材料费、机房土建费等。其中，设备投资费、安装调试费、机房土建费用占据了相当大的部分。

2. 运行管理费用

衡量热泵系统经济性的一个重要指标是系统的运行管理费用。有些热泵系统的初投资虽然很高，但是运行管理费用低，系统的总投资并不一定很高。特别是对于一些新型的热泵系统来说，由于工艺复杂等因素，新技术、新产品的初投资往往会比较高，但是由于供热方式的运行效率高，节能潜力高，在整个系统的寿命周期内，其节省运行费用相当可观。因此，准确地计算热泵系统的运行维护费用对于评价热泵系统的经济性有着重要意义。

具体来讲系统经济性指标主要有时间性指标、价值性指标以及比率性指标三种形式。时间性指标是为了抵偿系统总投资而产生净收益需要的时间，如投资的回收期。价值性指标是用来表示现金流量相对于基准投资收益率所能实现的盈利水平，如净现值、净年值等。而比率性指标反映的是系统投资的回报率，如内部收益率。这三类经济性评价指标分别从时间、价值、比率的角度反映了整个系统的经济性。

三、环境性指标

热泵系统的环境性指标用于考核整个系统在运行中对环境造成的影响。环境性指标通常包括系统对外界的物质排放，以及其他环境影响，如热、声、光、辐射、电磁、振动等。大规模的能源消耗所引发的温室效应、空气雾霾和酸雨现象等问题对全球气候变化有严重的影响和极大的威胁,已经成为国际社会关注的焦点。因此,环境性指标是考察热泵系统的重要指标,主要评价指标有气体污染物的排放、CO_2 的减排量、噪声污染等。

1. 气体污染物的排放

热泵系统的能源消耗排放的污染物是造成环境问题的主要因素之一,主要有直接污染和间接污染两种形式。直接污染是指各种燃料燃烧所排放的污染物,主要有烟尘、SO_2、NO_x 和 CO_2 等。另外,以电力为辅助能源的热泵系统虽然没有直接的污染,但由于我国 70% 以上的电力为燃煤发电,所以,这种热泵系统对环境造成的是间接污染。

2. CO_2 的排放量

由于 CO_2 等温室气体排放量的逐年增加,全球的温室效应也在不断加剧,温室效应问题已经成为了全球关注的焦点。CO_2 是数量最大的温室气体,专家预测,大气中 CO_2 的含量每增加 1 倍,全球的平均气温将上升 1.5~4.5℃。因此,减少 CO_2 的排放量已经成为大势所趋。由于热泵系统节约了能源的消耗,就相当于减少了 CO_2 的减排量。因此,CO_2 的减排量也是采暖系统环境性评价的重要指标。

3. 噪声污染

热泵设备在运行时都存在不同程度的噪声污染,对人们的工作、生活和学习产生严重的影响。其中主要的噪声指来自于热水机组、水泵、风机等一些设备的噪声。GB/T 19409—2013《水(地)源热泵机组》中明确地规定了水源热泵机组的噪声限值。

▲ 第五节 热泵技术应用实例

▌一、实例背景

本次研究的实例是浙江省内某酒店利用热泵技术实现供暖以及热水改造的工程[11]。该酒店建筑面积 2.4 万 m^2,拥有客房 210 间/套。该酒店原有螺杆式冷水机组 2 台,每台功率 930kW,用于夏天制冷;溴化锂直燃机 2 台,燃料为柴油,每台功率 1000kW,用于冬季采暖;另有柴油蒸汽锅炉 2 台,每台 1.5t/h,用于制取热水。酒店能源消耗量和燃油费用都非常高,其中 2013 年的耗油量就达到 340t,按 2016 年油价 7800 元/t 计算,每年仅油费的支出为 265.2 万元。酒店的溴化锂空调系统已使用十年以上,溴化锂机组和附属设备效率明显下降。目前该机组的效率为原来的 60%~70%,且机组的故障率增加,在供冷期负荷较大时一旦有一台主机发生故障,则将无法保证酒店的正常供冷需求;同时,随着溴化锂系统的运行效率下降,其耗能越来越大,运行费用也在日益增加。

▌二、方案设计

1. 热水系统

根据浙江省内的气候环境,按照温度7℃选型,使用5台64kW热泵热水机组,替代原2台1.5t/h柴油蒸汽锅炉,以满足热水需求。热泵热水机组放置在主楼楼顶,与原有10t保温水箱连接循环加热,再在锅炉房增加1个60t不锈钢保温水箱。同时考虑到当环境温度低于5℃时,热泵制热量衰减,同时机组出水温度也会略有下降,为保证在环境温度为-5℃时仍能满足热水的生产要求,系统配备60kW辅助电加热对其进行升温。

2. 供暖系统

根据浙江省内的气候环境,按环境温度2℃选型,采用10台额定制热量112kW模块式风冷冷热水机组,总制热容量1120kW,替代原溴化锂柴油直燃机组。该模块式风冷冷热水机组为冷暖两用型,可切换到模块式风冷冷热水机组完成制冷功能。机组放置在主楼楼顶。冷却水(冷冻水)管路接入地下层的分集水器。风冷冷热水机组与末端管网循环,为末端提供采暖循环水或冷冻循环水。根据使用侧供回水总管的温差和流量,由机组自动开启或关闭主机数量。

▌三、综合效益分析

1. 能效性评价

能源利用效率的评价重点在于能源的高效转化及充分利用,下面采用多方案对比进行评价。以采用空气源热泵为冷热源的酒店为研究对象,将这种形式的全年运行能耗与其他常用空调热水方案进行比较,包括空气源热泵机组、冷水机组与消耗不同燃料的锅炉的组合。

方案一:一年四季采用空气源热泵制冷供暖及提供热水。根据酒店实际运行情况,制冷4个月平均每天耗电约4300kW·h,总耗电51.6万kW·h,热水包含在内。供暖4个月平均每天耗电5200kW·h,热泵机组供暖的同时产生热水,热水费用包含在内,供暖总耗电62.8万kW·h,其中还包括冬天开启辅助电加热的耗电量。过渡季节只需要热水不需要冷暖空调,空气源热泵热水机组就能满足酒店每天60t左右的热水需求量,平均每天热水系统(含水泵等辅助设备)的全部耗电量约500kW·h,4个月总耗电量为6万kW·h。全年耗电量为120.4万kW·h,按照等价折标系数,换算成标准煤为486t。

方案二:同样采用冷水机组提供冷量。夏天制冷时酒店采用冷水机组提供冷量,冬天供暖采用燃油锅炉作为热源,一年四季使用的热水均由燃油锅炉提供。按照酒店改造前3年能源消耗的平均值,夏季制冷耗电52万kW·h,水泵等辅助设备年均耗电28.3万kW·h,总耗电量为83.3万kW·h。冷水机组和辅助设备年耗电折算成标准煤336t。同时,根据近3年年均所需柴油340t,折算成标准煤是495.4t,则全年总能耗为834.4t。

方案三:消耗能源为天然气,计算方法与方案二相同。用于采暖和提供热水的能源

消耗折算成天然气 $3.8×105m^3$（标准状态），折算成标准煤 896.3t。再加上制冷能耗 336t，方案三的全年总运行能耗为 815t。

表 4-3　　　　　　　　　　常用能源热值与效率

方案	能源种类	理论热值	效率	实际热值	折合标准煤系数
一	电	$3.6MJ/(kW \cdot h)$	5	$18MJ/(kW \cdot h)$	0.404
二	柴油	$42.8J/(kW \cdot h)$	0.8	$34.2MJ/(kW \cdot h)$	1.457
三	天然气（标准状态）	$35.6MJ/m^3$	0.85	$30.26MJ/m^3$	1.247

按表 4-3 得各方案的全年运行能耗，见表 4-4。由表 4-4 可以看出，方案一采用空气源方式运行能耗最少，换算成等价标准煤，空气源方案仍为最节能的热水及热量供应方式。

表 4-4　　　　　　　　　　各方案年运行能耗比较

能源类型	方案一	方案二	方案三
电/$(kW \cdot h)$	1 204 000	833 000	833 000
其他		340.1t	385 000m^3（标准状态）
折合标准煤（t）	486	834.4	815

2. 经济性评价

经济性评价需要考虑节能技术所付出的代价及其节能所带来的效益。初投资计算主要是对设备投资费、安装调试费、机房土建费用进行计算。由于空气源热泵机组的室外机可以安置在屋顶，所以在该工程中，初投资计算不包括土建费用。根据工程的实际情况、设备的设计资料和参数以及市场状况，可以得到该采暖系统的设备费用明细。主要设备包括热泵热水机以及模块式风冷冷热水机组等。计算依据：机组的采购费依照 900 元/kW 计算，安装费用取为设备采购费的 15%；水箱、软水装置和定压装置的采购费按 80 元/m^3 计算；自动控制系统的费用取 50 元/kW；热水管道取为 70 元/kW；经过对整个系统经济性额定各个指标的计算，该方案的热源部分的初投资约为 212 万元，输配系统的初投资约为 38 万元，末端系统的初投资约为 86 万元。综上所述，整个系统的初投资总额约为 336 万元，单位面积的初投资约为 140 元/m^2。运行管理费用主要包括系统运行所消耗的电费、水费、燃料费、人工费和维修费。整个系统全年耗电量为 120.4 万 $kW \cdot h$，按照 0.6 元/$(kW \cdot h)$ 计算，全年电费为 72.24 万元。年人工费为 6 万元。设备维修管理费按初投资的 2%～2.5% 计算，则该系统的维修费为 6.8 万元。因此，该酒店热泵系统的年运行管理费用为 85.04 万元。根据以上计算方法，各方案经济性比较见表 4-5。

表 4-5　　　　　　　　　各方案经济性比较

项目	方案一	方案二	方案三
初投资（万元）	336	268	312
运行费用（万元/年）	85.04	243	152.8

通过对初投资和运行费用的计算，该空气源热泵系统的初投资较高，但是运行费用低，整个系统的使用寿命一般为 20 年，空气源热泵系统的运行费用低的优势经济效益明显。

3. 环境性评价

环境性评价主要是对气体污染物的排放量进行计算。目前我国燃煤发电占 70%以上，燃煤产生的污染物主要有烟尘、CO_2、SO_2、NO_x，这些污染物会对人类产生很大的影响。其中 SO_2 是形成酸雨的主要原因，会对生态环境产生严重的危害；CO_2 是使全球变暖的罪魁祸首；烟尘则危害人类以及各种动植物的健康。假设锅炉的热效率为 90%，脱硫、热电转换和输送综合效率为 30%，除尘效率为 93%，根据文献 [10]，计算得出各种能源单位标准煤的烟尘、NO_x、SO_2、CO_2 的排放量，再得到各种能源方案的污染物排放量，见表 4-6。

表 4-6 消耗单位能源的污染物排放量

方案名称	年消耗等价标准煤（t）	烟尘（t）	CO_2（t）	NO_x（t）	SO_2（t）
方案一	486	4.67	1215	7.58	8.02
方案二	834.4	8.01	2086	13.02	13.77
方案三	815		2037.5	12.72	

从排放量上看，3 种方案排放量具有较大差别。改造后的方案一与方案二的相比较，空气源热泵全年的 CO_2 减排量达到了 871t。与燃气锅炉炉相比，CO_2 减排更明显，NO_x 减排量也较为明显，但是烟尘和 SO_2 减排有差距。在以上的计算比较中，电能采用的是火力发电，如果是清洁能源发电，如核电、水力发电、太阳能光伏发电和风力发电等，则空气源热泵的环保效益将具有明显竞争力。

通过对本例基于热泵的暖通及热水改造工程分析，对比改造前和改造后的实际效果，以及通过与燃气锅炉进行比较，分析了该工程的节能及环保效益情况，得出以下结论：

（1）空气源热泵系统在既有建筑的节能改造应用中，节能效果明显，具有较强的推广示范应用效果。

（2）空气源热泵系统在实际工程的应用中，CO_2 减排量大，环保效益明显。

（3）本次基于热泵的暖通及热水改造工程具有很好的经济性、节能性，尤其在国家要求节能减排的今天，值得大力推广，并对实际工程的应用具有一定的指导意义。

参 考 文 献

[1] 李张勇，刘群生，李云苍. 热泵技术的发展与应用 [J]. 能源工程，2001（4）：32-35.

[2] 陈东，谢继红. 热泵技术及其应用 [M]. 化学工业出版社，2006.

[3] 卢丽雯，程磊. 浅析热泵技术的原理及应用 [J]. 科技风，2011（17）：31-31.

[4] 张剑. 热泵技术应用原理的研究 [J]. 现代工业经济和信息化，2015（4）：50-51.

[5] 张昌. 热泵技术与应用 [M]. 机械工业出版社，2012.

[6] 付祥钊，林真国，王勇，等. 空气源热泵与地板供暖联合运行实验研究 [J]. 暖通空调，2005，35（2）：100-103.

[7] 刘宪英，张素云，胡鸣明，等. 地热源热泵冬夏暖冷联供试验研究 [J]. 水利电力施工机械，2000，21（1）：14-22.

[8] 丁志军. 水源热泵原理及应用 [J]. 安装，2012（4）：25-28.

[9] 张学镭，陈海平. 回收循环水余热的热泵供热系统热力性能分析 [J]. 中国电机工程学报，2013，08：1-8+15.

[10] 关志强，郑立静，李敏，等. 罗非鱼片热泵-微波联合干燥工艺 [J]. 农业工程学报，2012，01：270-275.

第五章

港口岸电技术

▲ 第一节 港口岸电技术原理

在现代海运刚开始发展的阶段，船舶停靠港口时都是依靠自主发电来满足船舶的正常运行需求的。在早期的海运中，由于环境污染问题还没有引起世界范围内广泛的重视，所以是没有港口提供船舶靠港的岸电供给服务的。

随着国家经济持续快速发展，港口建设的步伐越来越快，船舶停靠码头的数量和密度大幅增加，为此需要消耗大量燃油。而船舶燃油供电受船舶自身设备质量、规模、品质等局限性影响，燃油利用率不高、损耗严重，且船舶柴油机产生的过剩电能又不能储存，消耗了大量的能源，造成了大量浪费，也对港口城市环境造成了巨大的破坏。船舶停靠码头所产生的巨大能源浪费和环境污染使得船舶在港口内的节能减排工作日益紧迫。港口作为船舶的"家"，如果在船舶停靠港口时主要（甚至全部）依靠港口来供给船舶的用电需求，而不依赖于船舶自身发电，这将大大地减少船舶靠港时的各种负面影响，于是，港口岸电供电技术应运而生，并且受到越来越多的人重视。

港口岸电又叫做船舶岸电，是指在船舶停靠码头期间，不再采用船上辅机燃油发电，改为由码头提供的供电系统为船舶供电。港口提供岸电的功率应能保证满足船舶停泊后所必需的全部电力设施用电需求，包括生产设备、生活设施、安全设备和其他辅助设备。使用岸电取代辅机燃油发电，带来了一系列"油改电"的益处，并且该技术已在国内外的一些港口得到实际应用：早在 2000 年，瑞典哥德堡港就在全球首先开发靠港船舶使用岸电技术并应用在其渡船码头上，使得靠港船舶排放减少了 94%～97%。目前，北美西海岸主要港口以及欧洲的 10 多个港口均应用了该项技术。我国也有多个港口开发应用了该项技术，并取得了预期的效果。上海港外高桥二期码头于 2010 年 7 月 5 日安装使用了全球首套移动式岸基供电系统，10 月 24 日全球首套高压变频数字化船用岸电系统在连云港港口正式启用，这些不仅标志着我国已经具备了国际领先的岸电供电技术，同时也标志着我国将大力发展并普及岸电供电技术，减少船舶靠港期间对港口周边环境和人的影响；宏观上将有利于促进"节能减排"，为进一步改善我国人民的生活环境和生活品质做出重要贡献。

一、港口岸电系统工作原理

（一）岸电系统的组成

岸电系统可以分为安装在码头的供电系统和安装在船舶上的变电系统两大部分。码头供电系统由码头前沿港区变电站供电，经过变压、变频，将输入供电转化为满足船只需求的电源，利用电缆沟和输送栈桥等设施，将高压电缆敷设至码头前沿，码头前沿安装高压接线箱供船舶连接，通过船载变电站变压后为船舶供电，港口岸电系统示意图如图 5-1 所示。

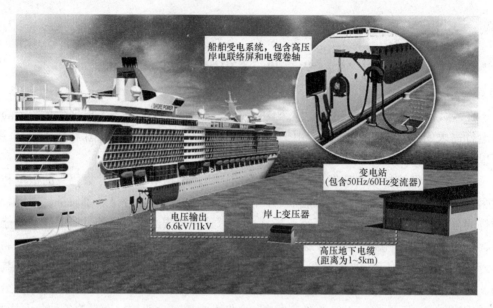

船舶受电系统，包含高压岸电联络屏和电缆卷轴

变电站（包含50Hz/60Hz变流器）

电压输出 6.6kV/11kV

岸上变压器

高压地下电缆（距离为1~5km）

图 5-1　港口岸电系统示意图

码头供电与船用电力电压和频率一致时，靠港船舶使用岸电可采用直接供电方式；码头供电与船用电力电压和频率不一致时，靠港船舶使用岸电需要配置变压或变频设备，将码头供应电力转换成与船用电力一致的电压和频率。根据电压不同，可以将岸电系统分为高压岸电系统和低压岸电系统。高压岸电系统是指岸电电源输出 66kV/11kV 或者以上的系统。无论岸电电源输入侧接入哪种电压等级的电网，其基本组成都应包括：

1. 变频部分

由于我国港区供电采用 50Hz 的交流电制，而靠港船舶来自世界各地，许多国家船舶采用 60Hz 的交流电制，所以需要变频装置将 50Hz 的三相交流电转换成 60Hz 的三相交流电。

2. 输出滤波器

输出滤波器将逆变器输出的脉冲宽度调制（Pulse Width Modulation，PWM）PWM 波形变换为正弦波。

3. 输入或输出变压器

输入或输出变压器负责电压变换和电压隔离。以低压岸电系统（输入 380V、50Hz，输出 440V、60Hz）为例，其基本结构如图 5-2 所示。

图 5-2　低压岸电主电路基本框图

（二）岸电系统的工作原理

当船舶靠港连接上岸电后，调节船舶辅机发电系统所产生的电压、频率、相位，使其与岸电系统保持一致，两个系统并网运行后就可以停止船用辅机；当船舶离开港口后，开启船用辅机，当船上发电系统与岸电电源并网时，即可断开岸电电源。岸电电源的电压和频率均按照船舶电力系统的等级设置，主要在并车过程调节相位和频率，使船舶发电系统与岸电系统达到并车的条件。

船舶连接岸电系统的流程如图 5-3 所示。

（三）岸电系统的电力传输方式

岸电系统的电力传输方式与码头的传输距离、供电电压、船舶需求电功率有关，在实际应用中，需根据具体情况选取相应的传输方式。

1. 直接连接

船舶和岸电采用相同电制时，可以通过码头的配电装置对船舶直接供电，这种方式适用于小型船舶并且距离较近的输电。

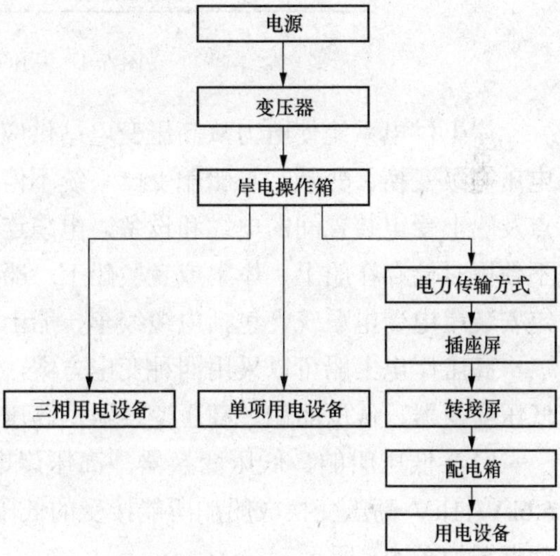

2. 驳船电力输送

国际性港口的码头空间有限，而大型船舶在靠港时处于深水区，岸电传输的导线较长，并且各种型号的船舶所需的电压也不同。因此，将电力变换装置放置在驳船上，利用驳船向靠港船舶供电，达到扩充港口空间，降低传输电缆长度的目的。

3. 采用不同的供电电压

在陆地岸电系统和船舶岸电系统所采用的电制不同时，船舶电压可以分为两类。
（1）陆地岸电对低压船舶系统进行变频、降压后，通过连接电缆，以低压方式供电。
（2）陆地电源对高压大型集装船舶进行变频后，以高压方式向船舶进行供电。

（四）岸基船舶的供电改造方式

供电改造的基本原理为由市电到岸电、到供电装置、再到船电的转变。目前，岸基船舶的供电改造方式有三种：岸电高压上船、低压移动式、低压固定式。

1. 岸电高压上船

船舶岸用电系统主要由 3 部分组成：岸上供电系统，电缆管理系统和船舶受电系统。

图 5-3　船舶连接岸电系统的流程图

高压岸电电源结构如图 5-4 所示。

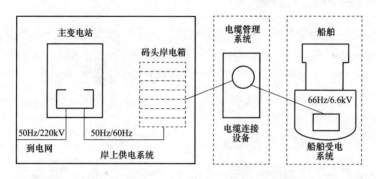

图 5-4　高压岸电电源结构

岸上供电系统使电力从高压变电站供应到靠近船舶的连接点，即码头接电箱，完成电压等级变换、变频、与船舶受电系统不停电切换等功能；电缆管理系统连接岸上连接点及船上受电装置间的电缆和设备，电缆连接设备必须满足快速连接和储存的要求，其不使用时储存在船上、岸上或者驳船上；船舶受电系统在船上原有配电系统的基础上固定安装岸电受电系统，包括电缆绞车、船上变压器和相关电气管理系统等。

高压岸电上船可以采用四种变电方案，分别为低压船舶、低压变换器，高压船舶、低压变换器，低压船舶、高压变换器，高压船舶、高压变换器。

（1）低压船舶、低压变换器。高压岸电电源系统可以通过二次变压设备把输出的 6.6kV/11kV 高压变换成船舶所能接受的低压电力。440V 的低压船舶、低压变换器的原理框图如图 5-5 所示。

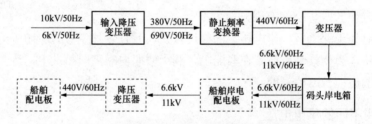

图 5-5　低压船舶、低压变换器的原理框图

（2）高压船舶、低压变换器。船舶上的接入电压为 6.6kV/11kV。岸电电源系统不需要再通过 1 个二次变压，可以直接把电力输送至停靠的船舶。其原理框图如图 5-6 所示。

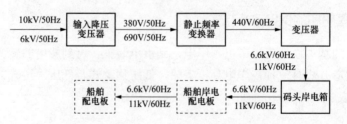

图 5-6　高压船舶、低压变换器的原理框图

（3）低压船舶、高压变换器

低压船舶、高压变换器的原理框图如图 5-7 所示，其变频设备采用高压静止频率变换器。

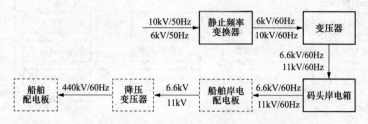

图 5-7 低压船舶、高压变换器的原理框图

（4）高压船舶、高压变换器。高压船舶相对于低压船舶不需要进行二次的降压，其原理框图如图 5-8 所示。变频设备仍然采用高压静止频率变换器。

2. 低压移动式

（1）岸基电源基本参数：

1）输入：高压供电 10kV、频率 50Hz。

2）输出：440V（低压配电船舶）、6.6kV（高压配电船舶）。

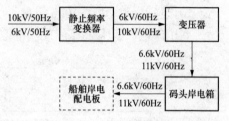

图 5-8 高压船舶、高压变换器的原理框图

3）频率：50/60Hz。

4）容量：小于或等于 2000、2500、5000kVA。

（2）高压岸电、低压船舶供电方式基本参数。

1）输出容量：小于或等于 2000kVA。

2）输入电源：三相交流 10kV（波动范围为-15%～10%）。

3）输入频率：50Hz±1Hz。

4）输出电压：AC 450V。

5）输出频率：50Hz/60Hz。

6）输出方式：9 根带有快速接头的电缆（2000kVA）。

7）运行再现功能：100h 记录。

高压岸电、低压船舶供电方式基本工作原理如图 5-9 所示。

高压岸电、低压船舶供电方式主要电气配置包括主移动舱（以 2000kVA 低压输出岸基电源为例）与副舱。主移动舱包括高压电缆卷筒、输入侧高压开关柜、高压变压器、正弦滤波器和隔离变压器，副舱主要包括低压电缆卷筒。

（3）高压岸电、低压/高压船舶供电方式基本参数。

1）输出容量：大于 2000kVA。

2）输入电源：三相交流 10kV（波动范围为-15%～10%）。

3）输入频率：50Hz±1Hz。

4）输出电压：AC 6.6kV/AC 450V（可选）。

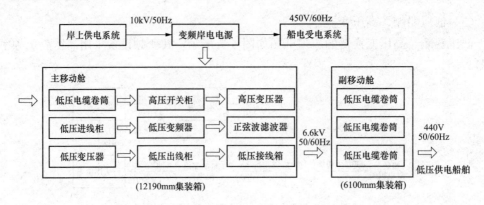

图 5-9　高压岸电、低压船舶供电方式基本工作原理

5）输出频率：50Hz/60Hz（可任意转换）。

6）输出方式：9 根带有快速接头的电缆，1 个 6.6kV 插座。

7）运行再现功能：100h 记录。

高压岸电、低压/高压船舶供电方式基本工作原理如图 5-10 所示。

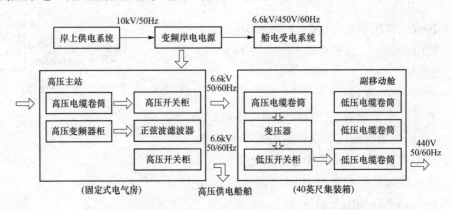

图 5-10　高压岸电、低压/高压船舶供电方式基本工作原理

高压岸电、低压/高压船舶供电方式主要电气配置包括高压主站与副舱。其中，高压主站主要包括输入侧高压开关柜、变频器、输出侧高压开关柜、正弦波滤波器、地下高压插座箱和高压插座，副舱包括降压变压器、高压电缆卷筒、低压电缆卷筒和低压开关柜。

3. 低压固定式

低压固定式岸基主要由交流电抗器、电子开关、整流器、直流电抗器、直流滤波器、三相桥式逆变器、校正电抗器与逆变输出变压器等组成。

二、港口岸电技术标准

（一）船舶停港的功率

货运船舶靠泊码头时，船舶用电主要是由船舶上辅机提供。据相关数据统计分析，国内外船舶辅机功率在 0.8~32MW 之间，大型国际邮轮靠港时使用岸电用电量最大。

（二）港口岸电技术中的电压及频率

目前，美洲大部分地区的港口电网频率为 60Hz，部分为 50Hz；沙特和日本的港口电网频率为 50/60Hz，其他亚洲、非洲、欧洲国家，包括中国的港口电网频率均为 50Hz[1]。为保证船舶电气设备的安全可靠运行，码头向船舶供电时应保持与船舶本身电源频率一致，这也是目前船用岸电普遍采用的方式。我国船用岸电供电系统对电压、频率的技术性指标：港口电网频率为 50Hz，远洋船舶电网频率为 60Hz，船舶电压等级为 440V/6.6kV/11kV。由于 60Hz 的船舶电器不宜直接使用 50Hz 的交流电，所以存在大功率电力变频变压问题，因此研究适合我国电制的码头船用供电系统变频技术，将我国港口电网交流电变换成适合国际船舶 60Hz 交流电，并且实现 50Hz/60Hz 双频供电，是我国发展船用岸电系统必须解决的问题。

根据港口可利用的三相交流电的电压等级，高压岸电电源的输入侧一般接入 10kV 的电网，而低压岸电电源的输入侧一般可接入 380、660、1000V 三种交流电。目前国内外船舶岸电主要采用高压上船和低压上船两种模式，在 GB/T 25316—2010《静止式岸电装置》中，所讲的静止式岸电装置一般指的是低压岸电电源。对于何时采用高压上船方式，何时采用低压上船的方式，JTS 155—2012《码头船舶岸电设施建设技术规范》中规定：当码头船舶岸电系统容量小于 630kVA 时，可采用低压上船方式；当码头船舶岸电系统容量为 630~1600kVA 时，宜采用高压上船方式；当码头船舶岸电系统容量大于 1600kVA 时，应采用高压上船方式。船舶岸电的供电模式比较见表 5-1。

表 5-1 船舶岸电的供电模式比较

供电方式	输入侧		输出侧	
	电压（V）	频率（Hz）	电压（V）	频率（Hz）
高压上船	6000 或 10 000	50	6600	60
			6000	50
低压上船	400、6000 或 10 000	50	450	60
			400	50

▲ 第二节 港口岸电技术特点

▌一、低压船舶/低压岸电供电方案及其优缺点

美国洛杉矶港即采用低压船舶/低压岸电/60Hz 直接供电方案，该供电方案示意图如图 5-11 所示。电网电压经变电站降压至 6.6kV，并接到码头岸电接电箱。因港口空间有限，6.6~440kV 变电箱安装在移动驳船上，船舶经由驳船上 9 根电缆连接岸电。该方案可用于对低压配电船舶进行供电，且无需改造码头，配置简单。但因低压船舶不易安放

变电箱，该设备需置于驳船，从而造成连接困难；另外使用 9 根电缆供电，导致安装拆卸时间长。

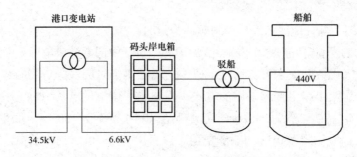

图 5-11　低压船舶/低压岸电直接供电方案示意图

二、低压船舶/高压岸电供电方案及其优缺点

瑞典哥德堡港滚装船码头采取低压船舶/高压岸电/50Hz 直接供电方案。该供电方案示意图如图 5-12 所示。电网电压经变电站降至 6～20kV，由码头岸电接电箱接岸电上船，因传输电压高，传输电缆使用 1 根高压电缆即可。上船后通过变压器降压至船舶配电电压等级，向船舶供电。

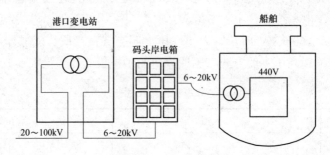

图 5-12　低压船舶/高压岸电直接供电方案示意图

低压船舶/高压岸电供电方案适用于对高压配电船舶进行供电，当给低压配电船舶供电时，需在岸侧或船侧加装变压器。由于未加装变频器，当向 60Hz 船舶供电时，该岸电只能给船舶上的照明等非动力负载供电。该方案的优点是高压供电，使用 1 根电缆快速连接；缺点是需要在船上安装变压器，船舶改造复杂。

三、高压船舶/高压岸电供电方案及其优缺点

在许多港口均使用高压船舶/高压岸电供电方案，如洛杉矶、西雅图集装箱码头等。该供电方案示意图如图 5-13 所示。电网电压经变电站降至 6～20kV，由码头岸电接电箱接岸电上船，上船后可直接切换至船舶配电系统并向船舶供电。

高压船舶/高压岸电供电方案适用于对高压配电船舶进行供电，当给低压配电船舶供电时，需在岸侧或船侧加装变压器；由于未加装变频器，当向 50Hz 船舶供电时，该岸电只能给船舶上的照明等非动力负载供电。

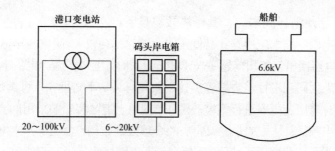

图 5-13 高压船舶/高压岸电直接供电方案示意图

3 种典型岸电供电方式的比较见表 5-2[2]。

表 5-2 三种典型岸电供电方式比较

项目	低压船舶/低压岸电/60Hz 直接供电（洛杉矶港）	低压船舶/高压岸电/50Hz 直接供电（哥德堡港）	高压船舶/高压岸电/60Hz 直接供电（洛杉矶、西雅图集装箱码头）
船舶配电电压	440V	400V	6.6kV/11kV
岸电电压	440V	10kV	6.6kV/11kV
岸电功率	2.5MVA	2.5MVA	7.5MVA
港口电网频率	60Hz	50Hz	60Hz
船舶电网频率	60Hz	50Hz	60Hz
岸电接入方式	岸方提供电缆	船方提供电缆	船方提供电缆
空气污染	无	无	无
供电效率	好	好	好
供电操作性	差，多根电缆，连接困难	好，一根电缆，易于操作	好，电缆较少，易于操作
船舶改造复杂性	一般	复杂，对于低压船舶，需要在船上安装变压器	一般

▲ 第三节 港口岸电技术成本分析

在第一节港口岸电技术的背景中已经提到了港口岸电技术的定义。港口岸电技术是船舶在停泊码头期间停止使用辅机，而改用岸上电源供电，从而满足其泵组、通风、照明、通信和其他设施的用电需求[3]。在传统的船舶燃油供电中，船舶在靠港期间利用船上自身携带辅机来满足船舶自用电需求。辅机发电主要依靠燃料油（重油或柴油），在燃油辅机发电过程中，会排放包含氮氧化物（NO_x）、硫氧化物（SO_x）、挥发性有机化合物（VOC）和颗粒污染物（PM）在内的污染物，对港口空气及水域造成很大的污染，同时辅机发电会产生较大的噪声，严重影响附近居民及船员的工作和生活。

而港口岸电技术具有重大的环境效益以及经济效益。据统计，岸电在港口城市应用后，船舶靠港污染物排放量明显降低，噪声污染也大大降低。在港区应用船用岸电技术，对于保护港区、市区的环境意义重大，可为未来"绿色港口"建设和发展做出巨大贡献；同时，虽然一次性投资高，但是长期使用港口岸电技术，对于船方来讲，靠港后使用岸电可降 30%的低燃油消耗成本[4]，其经济效益显著。

港口实施岸电供电技术应用存在着低压电力输送损耗较大、船电与岸电电气连接的安全问题、船电与岸电连接电气接口问题等技术困难。同时，港口实施岸电供电仍需进行一些改造工作：一是对港区码头进行电力增容扩建，新建码头功率裕量大，可满足岸电供电需求，但对于老码头需对降压变压器进行增容改造；二是由于港区和船舶采用的交流电制差异，需加装大功率变频电源；三是需加强港口码头的合理规划布局，合理选择岸电供电连接点，合理设置高低压变频系统和变压系统位置，使得低压电缆接线最短，节约投资，提高经济效益。

▲ 第四节　港口岸电技术评价指标体系

建立合理的评价模型是有效评价港口岸电技术的关键。通过对港口岸电市场的影响因素的研究，构建一个内容丰富、层次清晰和针对性强的港口岸电评价指标体系，主要包括 4 个一级指标，即政策、技术、经济以及环保。4 个一级指标又可以细分为 12 个二级指标，二级指标内容及划分依据如下。

一、政策指标

1. 电价政策的制定

在电能替代实施的过程中，港口岸电用电属于工业用电，由于当前的市场电价对于港口岸电以及其他电能替代项目的实施来说是不利的，所以要针对各行业的用电电价进行调整；或者制定相应的电价补贴政策，进而保证港口岸电的实施。

2. 环保政策的制定（引导性政策）

港口船舶使用岸电和低硫油是减少船舶大气污染排放的有效方法。目前，港口及船舶相应岸电设施还没有跟上船舶大气污染控制的步伐，岸电设施相对较少，使用比例较低，与国外先进港口相比差距较大，且港口岸电设施建设及船舶岸电配套设施改造相对较慢。目前还没有相对应的政策细节。因此，在港口岸电实施的过程中可以出台一些政策，例如凡是实施港口岸电的港口及船舶，都可以领取岸电和低硫油的补助，以此鼓励港口岸电的实施。

3. 环保政策的制定（强制性政策）

制定关于港口岸电环保方面的强制性政策，对于港口及船舶未实行港口岸电而造成空气污染以及噪声污染的，情节严重的采取强制性措施。

二、技术指标

1. 港口规模

港口的规模主要从船舶泊位数以及货物装卸设备台数等方面考虑，也就是说港口吞吐量、集装箱吞吐量以及港口航线都决定着港口的规模，同时对港口岸电的实施都起着决定性的作用。

2. 港口的经济发展水平以及基础设施

港口的硬件设施及条件决定着港口岸电的起步和发展，岸电的推广程度也受港口经济发展水平的影响，因此港口的经济发展水平是港口岸电市场潜力评价的一个重要指标。

三、经济指标

1. 投资成本以及投资回收期

港口岸电的市场潜力大小与投资成本以及投资回收期有很大关系，初投资成本的比例决定着企业或用户对于港口岸电的接受程度。

2. 企业或用户的受益程度

企业或用户对项目实施的支持程度依赖于他们自身的受益程度，同时也决定了推广程度。实行港口岸电对用户会带来哪些好处是最重要的评价指标之一。

四、环保指标

1. 噪声污染以及空气污染的减轻程度

在船舶停靠港口时，停用船上柴油机组，实现"零排放"，消除噪声污染，同时减少温室气体等污染物的排放，能够加快环保型社会的建设进程。

2. 减少化石能源的使用量

港口岸电的实施将会减少化石能源的使用，用电能取而代之，同时采用谷时蓄电的方法，可以大大提高电能的利用效率，进而减少发电资源的利用，推动资源节约型社会的建设进程。

综上所述，港口岸电市场的影响因素包括港口岸电的实施成本、电价的制定方案、企业或用户的受益程度、噪声污染、空气污染减轻程度、港口、溪边船舶数量、投资回收期等。接下来，根据这些影响因素建立市场潜力评价指标体系，对港口岸电技术分级建立指标，见表5-3。

表5-3　　　　　　　　　港口岸电技术评价指标

一级指标	二级指标	备　注
政策 U_1	电价制定 U_{11}	电价补贴 R_1
	引导性政策 U_{12}	政府大力推广港口岸电的实行，为鼓励船舶、港口的改造提供经济支持
	制定环保政策 U_{13}	强制性措施

一级指标	二级指标	备注
技术（港口条件）U_2	港口的规模 U_{21}	船舶泊位数以及货物装卸设备台数
	港口经济发展水平 U_{22}	
	港口的基础设施 U_{23}	
经济 U_3	成本投资 U_{31}	
	投资回收期 U_{32}	
	企业或用户的受益程度 U_{33}	
环保 U_4	噪声污染减轻程度 U_{41}	
	空气污染减轻程度 U_{42}	温室气体排放量的减少
	节能 U_{43}	减少化石能源的使用量

▲ 第五节 港口岸电技术应用实例

一、实例背景

江苏某港口的船用岸电工程从 2010 年 2 月启动，到 2010 年 10 月 24 日初步成功，召开"全球首套高压变频数字化船用岸电系统启用仪式"，历时半年[5]。连云港的船用岸电与国内外已有的技术相比，具有很多优点。如：一根电缆，一个接口，操作简便；电缆从船上通过卷缆筒放到船上，省时省力；采用高压变频技术，船上安装船载变电站（包括高压电缆卷筒），岸上装高压变频装置，港口与船舶利益共享，责任共担。特别是高压上船，不间断供电，大大提高了效益，受到了船方的欢迎。

该港号 59 号泊位主要供某号客滚船停靠。在港口岸电工程实施前，该客滚船靠港时使用辅机发电，用以满足船上对冷藏、空调、加热、通信、照明等电力需求。在电能替代之前，船舶辅机持续运行，排放大量的空气污染物，对周围的环境造成了污染，并且使用燃油辅机的运营成本高，使用寿命也受到影响。如果使用电能替代，将带来以下几点好处：

（1）可减少能源消耗，减少环境污染。

（2）通过减少节省燃油费用，港口也可以提供港口岸电服务，获得相应报酬。

（3）可以节约人力成本，辅机操作的船员不需要 24h 值班。

二、项目技术方案

1. 项目技术方案

（1）变压器容量配置：

1）输出电压：一路 6.6kV。

2）隔离变压器：100、415、440、690V。

具体输出电压值可根据船方不同要求设计。

（2）电力配套容量配置：供电电压等级为 10kV，频率为 50Hz，项目合同容量 11 600kVA。

（3）项目商业模式：用户自主全资模式。

2. 项目实施流程

（1）做好项目规划和实施方案设计，确认场地、线路通道、设备均已符合要求。

（2）船舶加装岸电设备需要进行改造，确定变压器安装地点、电源接入船舶母线方式。

（3）组织高压变频电源系统、高压接线箱和船载岸电设备施工。

（4）项目竣工验收，正式投入运行。

三、综合效益分析

（一）经济效益分析

对于船舶而言，采用岸电供电系统后的收益主要来源于船舶用电和用油之间的差价[6]。该项目投资分为港口岸上设备投资和某号轮船上设备投资两部分，包括港口岸上设备投资和船上设备投资，这两部分投资总额为 700 万元。该客滚船每周停靠 2 个泊次，每个泊次使用岸上电量约 1 万 kW·h，年需要使用岸电约 100 万 kW·h。

使用岸电系统之前，根据统计数据，该船年靠泊港口时间约为 2000h，年靠泊期间消耗油料约 780t（重油 624t、轻油 156t），按照船用重油约 4600 元/t、轻油约 7000 元/t 计算，共计年使用燃油费用约 396 万元。

在使用岸电进行供电后，该船年使用岸电电量约 100 万 kW·h，购电成本约 180 万元。而使用岸电前能源费用 396 万元。因此比原燃油辅机发电的运行方式，该船年节约运行成本为

$$396 \text{ 万元} - 180 \text{ 万元} = 216 \text{ 万元}$$

1. 船上设备投资的年收益率

船上设备投资的年收益率=年节约运行成本（万元）

÷船上设备投资（万元）×100%=216÷200×100%=108%

因此，船上设备投资的年收益率为 108%，静态回收期约为 1 年。

2. 岸上设备投资的年收益率

在使用岸电后，港口每年要向停靠在该港口的某号轮船提供 100 万 kW·h 电能，港口向电力公司购电价按 0.8 元/kW·h 计，船购电价格为 1.8 元/kW·h。则港口一年购电成本为 100×0.8=80（万元），销售电能为 100×1.8=180（万元）。

岸上设备投资的年收益率=［销售电能（万元）–年购电成本（万元）］

÷港口岸电投资（万元）×100%

=（180–80）÷500×100%=20%

因此，岸上设备投资的年收益率为 20%，静态回收期约为 5 年。

（二）环境效益分析

岸电技术应用前，停靠该港口的客滚船靠港时使用辅机发电，提供船上冷藏、空调、加热通信、照明等电力需求。船上有 3 台 880kW 辅机，根据需要启用一台或两台，该船年靠泊连云港约 2000h，年用电量 100 万 kW·h，年靠泊期间消耗油料约 780t（重油 624t、轻油 156t）。

实施岸电供电系统改造后，该船年减少消耗重油 624t、轻油 156t，当地每年减排大气污染物一氧化碳约 2430t、二氧化硫 62t，氮氧化物 70t。

由此可见，港口岸电技术对连云港带来的环境效益显著。港口岸电技术的应用对港口码头的废气污染物减排的意义重大，可作为国家大气污染治理的主要手段之一。

参 考 文 献

［1］崔杰. 低压船舶岸电供电电源的研制［D］. 燕山大学，2015.

［2］刘洪波，董志强，林结庆. 码头船用岸电供电系统技术［J］. 水运工程，2011，09：181-184-229。

［3］彭传圣. 靠港船舶使用岸电技术的推广应用［J］. 港口装卸，2012（6）：1-5.

［4］陈刚. 高压变频数字化船用岸电系统［J］. 港口装卸，2010（6）：17-21.

［5］陈余德. 开拓港口岸电事业，把连云港港建成绿色港口的桥头堡［J］. 港口科技，2011，（9）：3.
   DOI：10.3969/j.issn.1673-6826.2011.09.001.

［6］王峰，周珏. 港口岸电电能替代技术与效益分析［J］. 电力需求侧管理，2015，03：35-37.

第六章

电 动 汽 车

▲ 第一节 电动汽车发展现状

随着时代的发展，汽车成为了人们日常生活中不可缺少的代步和运输工具，改变了人们的生活方式，提高了人们的生活质量。但是汽车要消耗大量的石油资源，排放大量的废气，制造噪声，造成严重环境污染，因此也带来了无法回避的负面影响。据统计数据显示，我国在 2010 年从海外购买了创纪录的 2.393 亿 t 原油，给国家造成了沉重的经济负担[1]。

迫于能源危机和环境保护的双重压力，世界各国对电动汽车（EV）的研究开发不断升温。日本丰田公司率先开发出混合动力汽车 Prius，如图 6-1 所示，揭开了电动汽车的时代序幕，至 1997 年第一代 Prius 开始销售以来，累计销量已突破 100 万辆。因此对电动汽车的研究具有很大的意义。

图 6-1　丰田 Prius

本章从电动汽车的发展前景、原理标准、经济性能等几个方面入手，简要介绍电动汽车的基本概况，并辅以工程实例，方便读者更深刻的理解。

一、电动汽车的发展历史

电动汽车是 20 世纪最伟大的 20 项工程技术成就中前两项技术的融合，即"电气化"和"汽车"的融合产物[2]。电动汽车的构想与研制均早于燃油车，但由于性能不如燃油车，使其研究与开发工作一度停滞。20 世纪 70 年代的石油短缺，又使电动汽车重获生机。到了 20 世纪 80 年代，随着人们对空气质量和温室效应的关注，对电动汽车的研究热情进入了空前高涨期。进入 20 世纪 90 年代，世界各大汽车集团公司如福特、通用、日产、丰田和本田等，都在电动汽车上投入了较大的资金，并研制出多种电动汽车及电动汽车概念车，如福特的 Think city，通用的 EV1，丰田的 RAV4、Prius，本田的 EV Plus、Insight 和 FCX—V3 等[3, 4]。国内随着国家"十五计划""八六三"电动汽车重大科技专项的正式启动，全国各地也掀起了一股研制和开发电动汽车的热潮。

近年来，全球电动汽车市场正以更快的速度成长，电动汽车产销量均有明显提升。

2014 年全球市场共销售 353 522 辆电动汽车,同比增长 56.78%。其中,电动乘用车 323 864 辆,占比 91.61%(电动乘用车指"双 80"车,即最高时速 80km/h 以上,同时一次充电续航里程 80km 以上);电动客车及电动专用车 29 658 辆,占比 8.39%[5]。美国、欧盟、中国、日本仍然在全球电动汽车市场中位居前列。全球各主要国家电动汽车 2014 年保有量及 2020 年预计保有量见表 6-1[6]。美国的通用、福特、特斯拉公司,日本的丰田、日产及本田公司,欧洲的宝马、奔驰、雪铁龙公司等都在电动汽车的研制与开发上呈现出很强的实力。

表 6-1 全球各主要国家电动汽车保有量

年份	中国	法国	德国	印度	英国	美国	日本
2014	120 000	30 912	24 419	7584	21 425	27 5104	108 248
2020	500 万	200 万	100 万	700 万	150 万	150 万	200 万

从全球主要汽车生产厂家的销量和发展计划来看,目前,"低排放"汽车(主要指混合动力汽车)经过长时间的发展,技术最为成熟,已进入快速增长期,其销量、增幅和占比都远远高于其他车型;随着动力电池性能的提升及充电基础设施建设的完善,"零排放"汽车(主要指纯电动汽车)也逐渐走上产业化的道路,特别是小型的纯电动汽车更是发展迅速;燃料电池汽车在技术和经济方面仍存在诸多瓶颈,其大规模推广还存在相当的距离。目前,世界主要国家政府都制定了电动汽车中长期发展战略规划,预计电动汽车市场会在未来 10 年内持续增长,成为拉动经济发展的新的增长点。

二、我国电动汽车的发展现状

中国作为全球第二大电动汽车市场,近年来在我国政府的强力推动下,电动汽车的产量和销量均实现了巨大的飞跃。2014 年电动汽车累计生产 8.39 万辆,同比增长近 4 倍,见表 6-2[7]。总体来说,目前我国电动汽车销量的增长以小型车为主,我国涉足电动汽车领域的企业逐渐增多,包括北汽新能源、比亚迪、东风日产等,市场上可供选择的车型也开始丰富。

表 6-2 2014 年我国电动汽车产量

类型	产量(万辆)	同比增长
纯电动乘用车	3.78	3 倍
插电式混合动力乘用车	1.67	22 倍
纯电动商用车	1.57	4 倍
插电式混合动力商用车	1.38	2 倍
总计	8.39	4 倍

"十五"和"十一五"期间,我国从维护能源安全、改善大气环境、提高汽车工业

竞争力及实现我国工业的跨越式发展的战略高度出发，先后启动了"863"计划、"电动汽车重大科技专项""节能与电动汽车重大项目"等，投入科技经费近 20 亿元，形成了以纯电动、油电混合动力、燃料电池 3 条技术路线为"三纵"，以多能源动力总成控制系统、驱动电动机及其控制系统、电力蓄电池及其管理系统 3 种共性技术为"三横"的电动汽车研发格局，共计 200 多家整车及零部件企业、高校和科研院所参与了电动汽车专项研发。2012 年 7 月，国务院发布的《节能与电动汽车产业发展规划》中指出以纯电驱动为电动汽车产业发展和汽车工业转型的主要战略取向，当前工作重点是纯电动汽车和插电式混合动力汽车的产业化建设。在此方针的指导下，我国电动汽车技术经过"三纵三横、整车牵头"和"三纵三横、动力系统技术平台为核心"两阶段攻关，继续取得重大突破，逐步形成了整车零部件企业协同研发、标准检测平台和应用示范为支撑载体的研发创新体系，并取得了丰硕的成果。

三、电动汽车发展面临的问题

经过 100 多年的发展，电动汽车在许多重要技术方面已经取得了突破性的进展，接近实用化阶段。尽管如此，电动汽车不论在军用还是民用、公共或是个人领域，远不及燃油汽车那样被广泛接受与应用，电动汽车大规模发展仍面临技术、经济等方面的诸多瓶颈[8, 9]。

1. 电源技术无法满足商业化发展的性能与成本要求

电源（储能装置）是电动汽车的核心部件，也是长期以来制约电动汽车发展的关键因素。电动汽车用蓄电池一般需满足如下要求：储能密度高（续航里程长）、能源输出密度高（动力性能好）；环境适应力强（温度）；快速充电和深度放电；循环使用寿命长；购置、维修、保养成本低；安全环保等。有望供电动汽车使用的动力源包括动力蓄电池（二次电池）、燃料电池、超级电容器、太阳能电池以及飞轮电池等。

目前技术相对成熟的、使用最广泛的电源是各类蓄电池，但都存在一定缺陷：铅酸电池技术成熟、成本较低，且能够高倍率放电，但能量密度和功率密度都很低，无法达到满意的车速和续航里程；镍镉电池和镍氢电池虽然性能好于铅酸电池，但含重金属，价格高，废旧电池还会造成环境污染；钠硫电池的能量密度高，能够提供较长的续驶里程，但对工作环境要求苛刻，具有强腐化性并易爆炸；锂离子电池相对镍氢电池的性能更好，体积小、质量轻、能量密度高且无污染，缺点是成本高昂，不能承受过度充放电等。

到目前为止，电源技术与实用要求还有相当距离，性能与成本方面尚不能满足电动车大规模产业化发展需要。由于电源技术的缺陷，电动汽车在动力性能、续航里程、制造成本、环境适应能力和可靠性等方面无法与常规汽车相比，使用较为不便。同时，重新启动困难、电能利用率低、用电安全性无法完全保证等问题同样制约着电动汽车的发展。

2. 大规模配套基础设施需要系统筹划和巨额投资

除了电源技术的突破外，建设一定数量的公用充电站并配备专用电缆及插座等也是实现电动汽车普及的关键。电动汽车充电一次后行驶里程一般在 300km 以内，开启空调时续航里程明显降低，在市区路况较差时还会大幅降低，需要频繁充电。一个中等城市要建设几十甚至上百个公用充电站，才能满足市区内的出租汽车、私家车、商务车快速充电的需要，此外停车场和社区内也要设立充电设备。除此之外，还要考虑增建电厂、改造输变电设施等投资。

3. 电动汽车的节能环保效益并不明显

"零排放、无污染、低能耗"是电动汽车被热捧的主要依据，发展电动汽车也被视为替代传统化石能源的最佳途径。需要强调的是，电能并不是一次能源，由于中国电源结构以火电为主，电动汽车所用的能源实质上主要来自煤炭，同时也将间接产生温室气体排放并消耗大量的煤。尽管电动机的转换效率在 90% 以上，但煤炭平均发电效率却在 40% 以下，而且电能传输、储存过程的损耗率远高于石油。此外，由于煤炭的排放因子是汽油的 1.365 倍，电动汽车的二氧化碳减排效果也要大打折扣。

以国内备受关注的比亚迪 E6 纯电动 MPV 汽车为例，其官方网站上公布 km 耗电约为 21.5kW·h，按照等热值折算为 2.64kg 标准煤，但若按照 2015 年中国平均供电标准煤耗（342kg 标准煤/（kW·h））折算则高达 7.35kg 标准煤，这其中还不包括输配电和充放电损耗；根据国家发展改革委提供的燃煤电厂排放因子 [0.9135kg/（kW·h）（CO_2）]，21.5kW·h 将产生 19.64kg CO_2。与之相比，同级别汽油机 MPV 汽车的 km 油耗一般约为 9L，按照 93 号汽油密度 0.725kg/L、热值 43 070kJ/kg 计算，相当于 9.59kg 标准煤；按照汽油的碳排放因子 18.9×10^{-8} kg/J（碳）计算，CO_2 排放量为 19.48kg，单从终端能源消耗看，两者相差无几。

4. 新能源汽车过度依赖国家补贴

目前国内外新能源汽车存在的问题之一就是补贴的依赖程度还比较高，补贴需要更具合理性。我国的汽车市场规模庞大，但发展基础薄弱，能否实现全产业链的协调发展，其中政策的制定是系统的工程，没有补贴不行，补贴时间过长也不行。最近国家对新能源汽车政策补贴给出了时间表，具体为：从 2017 年到 2020 年，除燃料电池汽车外其他车型补助标准适当缩减。2017～2018 年补助标准在 2016 年基础上下降 20%，2019～2020 年补助标准在 2016 年基础上下降 40%。企业的当务之急是，实现核心技术的突破，降低成本，提高产品的安全性和可靠性，改变单纯依靠补贴的盈利模式[9]。

▌四、电动汽车发展前景分析

由于电动汽车在成本和性能上与燃油汽车相比差距较大，所以市场更倾向于选择燃油汽车，电动汽车目前尚不具备大规模商业化发展的条件，中长期发展也存在较大的不确定性。尽管如此，目前社会各界对电动汽车都抱有极大热情，政府仍在电动汽车的示范推广中发挥着主导作用。电动汽车推广的最核心问题是市场，这是政府支持难以解决的，必须依靠技术进步和降低成本。电动汽车的发展前景主要取决于电池技术的突破，然而技术发明是不能被规划、计划的，产业化、商业化也要由市场需求推动。因此，电动汽车的发展之路还很漫长，需要市场的认可和时间的检验，这已被其100多年的发展历史所证明。

从中长期看，即使电池技术进一步成熟，燃油汽车和电动汽车两条技术路线仍然是并行的，只是适用于不同的环境。电动汽车适合城区短途运输，长途、大型客货运输仍将主要依赖燃油汽车。此外，随着电动汽车的技术进步，燃油机的效率也在不断提高。在仅考虑终端能源消耗的情况下，采用煤电作为能源来源的电动汽车与燃油汽车的能源效率和碳排放相差无几，若考虑储运、转换等过程的损耗，电动汽车的表现要更差。

电动汽车的商业化推广建立在新能源的产业化基础之上，只有电动汽车的动力完全来自清洁能源时，其节能和环保优势才能得到充分体现。有专家乐观估计，2020年电动汽车在中国汽车市场的份额将超过15%，以此为基准，按照国内汽车年产销量2000万辆计算，届时电动汽车保有量有望达到1000万辆。按照这一估计，电动汽车尽管能够替代上千万吨成品油消费量，但与数亿吨的成品油需求量相比，其比重尚不及5%。

而从技术发展成熟度和中国国情来看，混合动力汽车可以作为大面积充电网络还没建立起来之前的过渡产品[10]，而纯电动汽车应是我国目前大力发展的方向，其完全普及还需要各方面各部门共同努力。

▲ 第二节 电动汽车的技术原理与特点

现代电动汽车一般可分为三类：纯电动汽车（EV）、混合动力汽车（HEV）、燃料电池电动汽车（FCEV）。但是近几年在传统混合动力汽车的基础上，又派生出一种外接充电式（Plug-In）混合动力汽车，简称PHEV。

本节以纯电动汽车技术研发为例，对电动汽车的原理和特点作简要的介绍和评述。

一、电动汽车的技术原理

纯电动汽车主要是其采用蓄电池取代传统汽车的发动机，通过反应将电池的化学能转变为电能，再经电动机和控制器，把电能转化为驱动轮的动能，其结构如图6-2所示。图6-3所示为纯电动汽车的动力

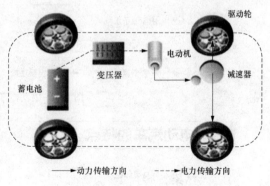

图6-2 纯电动汽车的结构

系统结构简图，传力路线如图6-3所示，整车的能量由蓄电池单独提供[11]。

电动汽车的基本结构系统可分为3个子系统：即主能源子系统、电力驱动子系统和

辅助控制子系统，如图 6-4 所示。其中，主能源子系统由电源和能量管理系统构成，能量管理系统能实现能源利用监控、能量再生、协调控制等作用；电力驱动子系统由电控系统、电动机、机械传动系统和驱动车轮等部分组成；辅助控制子系统主要为电动汽车提供辅助电源，控制动力转向、电池充电等。

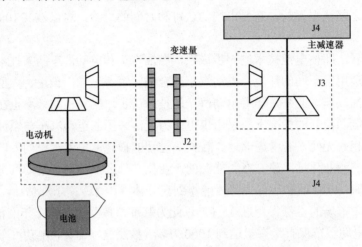

图 6-3   纯电动汽车的动力系统结构

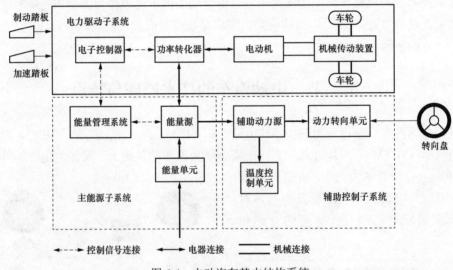

图 6-4   电动汽车基本结构系统

二、电动汽车的特点

1. 无污染，噪声低

电动汽车无内燃机汽车工作时产生的废气，不产生排气污染，对环境保护和空气的洁净是十分有益的，几乎是"零污染"。众所周知，内燃机汽车废气中的 CO、HC 及 NO_x、微粒、臭气等污染物形成酸雨、酸雾及光化学烟雾；而电动汽车本身不排放污染大气的有害气体，即使按所耗电量换算为发电厂的排放，除硫和微粒外，其他污染物也显著减少。

电动汽车无内燃机产生的噪声，电动机的噪声也较内燃机小。

2. 能源效率高，多样化

电动汽车的研究表明，其能源效率已超过燃油汽车，特别是在城市运行，汽车走走停停，行驶速度不高，电动汽车更加适宜。电动汽车停止时不消耗电量，在制动过程中，电动机可自动转化为发电机，实现制动减速时能量的再利用。有些研究表明，同样的原油经过粗炼，送至电厂发电，经充入电池，再由电池驱动汽车，其能量利用效率比经过精炼变为汽油，再经汽油机驱动汽车高，因此有利于节约能源和减少二氧化碳的排放。另外，电动汽车的应用可有效地减少对石油资源的依赖，可将有限的石油用于更重要的方面。向蓄电池充电的电力可以由煤炭、天然气、水力、核能、太阳能、风力、潮汐等能源转化。除此之外，如果夜间向蓄电池充电，还可以避开用电高峰，有利于电网均衡负荷，减少费用。

3. 结构简单，使用维修方便

电动汽车较内燃机汽车结构简单，运转、传动部件少，维修保养工作量小。当采用交流感应电动机时，电动机无需保养维护，更重要的是电动汽车易操纵。

4. 动力电源使用成本高，续驶里程短

目前电动汽车尚不如内燃机汽车技术完善，尤其是动力电源（电池）的寿命短，使用成本高。电池的储能量小，一次充电后行驶里程不理想，电动汽车的价格较贵。但从发展的角度看，随着科技的进步，投入相应的人力物力，电动汽车的问题会逐步得到解决。扬长避短，电动汽车会逐渐普及，其价格和使用成本必然会降低。

综上所述，电动汽车的优点是多于缺点的，随着电池技术的进步与其他必要技术的完善，电动汽车的普及程度定会大大提高，走进千家万户。

▲ 第三节　电动汽车的标准体系

█ 一、我国电动汽车标准体系的建立

自电动车辆分委会成立以来，组织制定了涵盖纯电动车、混合动力汽车、燃料电池汽车、电动摩托车等多种电动汽车整车，动力电池、充电机、电机及控制器等关键零部件的多项国家或行业标准，初步建立了我国电动汽车标准体系[12]，其结构如图6-5所示。

现阶段，我国电动汽车的标准体系已基本形成，标准具体内容见附录A，由附录A可见，现有的标准体系已初步满足我国对电动车辆管理、研发、试验等的需要，但由于电动汽车技术处在不断的进步和更新中，其相关标准的制修订任务仍比较艰巨。

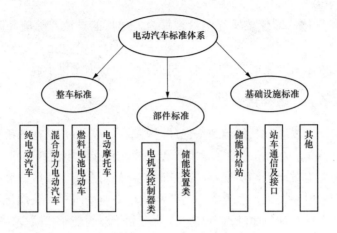

图 6-5　我国电动汽车标准体系结构

二、电动汽车特有的标准

电动汽车作为汽车的特殊成员，需有针对性的、特殊的技术标准，即在汽车共性标准体系之外，增加电动汽车特有的标准。

1. 安全方面

制订安全标准主要是保证人身的安全。这些内容是政府强制执行，以控制或避免电动汽车本身或附件可能发生的危险，特有的安全问题主要与高压电气装备及高压的氢源燃料有关。因此，为保证这类车辆的安全，消除使用者对电动汽车不必要的恐惧心理，除满足现有的安全标准和法规外，还必须对车上的高电压装备和高压氢气/代用燃料气体源等制订相应的标准与法规。

适用于电动汽车的安全标准可分为以下几类：

（1）电气安全：是为了防止电器漏电和使用者触电，与车上大量的蓄电池、动力电路、充电时与电网的连接有关。

（2）氢气/代用燃料气体源安全：电动汽车携带易燃、易爆的高压氢源，这些标准规定储气罐、氢气泄漏的限值等要求，以避免危险发生。

（3）机械安全：如灯光、安全带的要求。

（4）特殊安全：与电动汽车结构有关，主要涉及蓄电池、储气罐的安装位置以及特殊结构安全要求、电磁辐射、操作安全性、故障防护等。

2. 整车和部件性能评价

是为了确定客观评价车辆或零部件性能的方法和准则。对于迅速发展变化的电动汽车技术而言，这些标准特别重要。用户评价产品的性能，特别是评价电动汽车续驶里程和能量消耗量、动力性都需要统一而明确的标准，只有用统一的经确认有效的标准来进行性能测量，才能鉴别各厂在不同基础上所制订的性能指标。才可向公众提供可信的数据。主要有能源效率、续驶里程、能耗、动力性和可靠性等。

3. 运行协调

为了保证有些车辆零部件的通用性和互换性，最典型的标准化部件就是充电连接器和加氢口等，要规定尺寸和操作上的要求，使不同型号的车辆能用统一的充电/加氢连接器与充电/加氢设备连接，以便推广使用。有利于降低成本和进入市场，便于行业配套和提供服务。

4. 基础标准

这方面标准是建立统一的规范语言。

电动汽车除满足如灯光、制动、转向、噪声、碰撞等通用常规汽车检测项目外，根据电动汽车结构特点，有些常规汽车检测项目不适用于电动汽车，如发电机标准和排放标准不适用于纯电动车和燃料电池车，而混合动力车需满足专门的排放标准。电动汽车需满足专项检测标准共 22 项，全部来自于我国已发布的电动汽车标准。不同类型电动汽车需满足专项标准见附录 B。

三、传统汽车标准项目对电动汽车的适用性

与传统汽车相比，电动汽车标准制定的难度要大得多。主要是电动汽车技术处于不断发展过程中，很多新技术、新结构不断涌现；其次是国际标准体系并不完善。在制定我国电动汽车标准时，等同或等效采用国际标准并不多，大部分要根据我国国情和电动汽车技术水平以及实际应用做很多修改和进行大量的验证试验。鉴于此，要充分研究传统汽车标准对电动汽车的适应性。对能适用的标准不再另行定制；对有一定关联性，但会存在一定差异的项目，则可进行针对性修改；对不适用的标准则研究制定新的标准。

▲ 第四节　电动汽车成本分析

电动汽车到现在的水平，由于没有形成固定的市场，所以还都只是其他车型的改装产品。若想真正实现电动汽车产业化、大批量生产，在新一代电动汽车开发中，应该在建立符合整车开发规律的严密的整车开发程序的同时，对其成本进行更为准确的分析。

电动汽车的成本效益及市场分析方法同样遵循一般产品的分析方法，但其自身的特点也十分明显。

日本能源应用研究所在对一种超轻的四轮电动车进行成本分析时采用生命周期物耗（Life Cycle Inventory，LCT）和全寿命周期成本（Life Cycle Cost，LCC）的概念，分别从能源消耗、CO_2 的排放角度和从资金支出的角度将该电动汽车与同等级别的汽油车进行了对比。

还有一种方法是用初始成本和寿命周期成本对电动汽车的成本进行分析。这种方法在美国能源部的相关报告中得到应用，其优点是比较直观、简单，不需要用专门的软件

计算有关数据。

一、全寿命周期成本理论

全寿命周期成本是指在对象的寿命周期内为其论证、研制、生产、运行、维护、保障、退役后处理所支付的所有费用之和，它将对象的全系统、过程中涉及的各种技术、物资、人力及组织管理措施统统量化为费用指标，运用系统工程的观点，同时借助一定的数字方法和计算机技术，为各种管理决策的科学化提供可靠的依据。全寿命周期成本理论方法诞生于美国，20 世纪 80 年代初引入我国，在军事装备工业中应用较广，此后逐步在各个行业受到重视和应用。经过近 30 年的不断发展，LCC 理论在军工、航天、建筑、物流等领域取得了广泛应用，把 LCC 理论应用于电动汽车的全寿命周期成本分析具有前瞻性[13]。

二、电动汽车全寿命周期成本

电动汽车的全寿命周期成本可从两个角度进行分析：生产者角度——电动汽车全寿命周期成本由研究与研制成本、生产成本、运行与维护成本以及退役处理成本等构成；消费者角度——全寿命周期成本由购置成本、驾驶与维护成本以及报废处理成本、环境成本等构成，如图 6-6 所示。

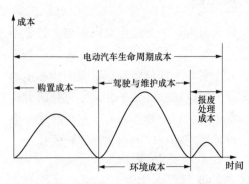

图 6-6 电动汽车全寿命周期阶段划分

电动汽车能否赢得市场，除了需要依靠成熟的技术外，关键在于消费者的认可和接受。从消费者的角度分析电动汽车的全寿命周期成本，对国家有关部门和汽车厂商的政策制定具有参考价值。电动汽车的全寿命周期成本包括以下内容：

1. 购置成本

购置成本是一次支出或集中在短期内支出的费用。它包括电动汽车的购置成本和购置过程中的费用两部分。前者是支付给汽车厂商，用于论证、研制、试验与定型、投资与制造等的全部费用，即论证费用、研制费用和生产费用，是购置费用的主要部分；购置过程中的费用用于消费者在购置过程中为支持购置活动的开展、实现购置目的所需的所有费用（如运输、检验、牌照等费用）。

2. 驾驶与维护成本

驾驶与维护成本是指消费者接收所购电动汽车后，在电动汽车的使用、维修以及保障方面所需的费用，是为了保证电动汽车正常运行而支付的费用，包括充电费用（主要是电价）、车辆保养费用、维修费用、备件保障费用、保险费、养路费等。

3. 报废处理成本

报废处理成本是指电动汽车在报废后进行各种善后处理所需的费用，这部分费用在电动汽车全寿命周期成本中所占比重较小。这是因为在支付必要的善后处理（包括废品处理、污染性物品处理等）费用的同时，还回收了设备残值。

4．环境成本

环境成本是指开采、生产、运输、使用、回收和处理商品所造成的环境污染和生态破坏所需补偿的费用。环境成本贯穿汽车的整个寿命周期。对于消费者而言，其需要承担的环境成本主要源于驾驶维护阶段，即使用阶段。燃油汽车的动力是化石燃料，排放大量的污染物；电动汽车的动力是电能，在驾驶与维护阶段没有尾气排放。对比两者可发现，环境成本是消费者购买电动汽车的主要原因。把环境成本计入电动汽车的全寿命周期成本比较切合实际。

▲ 第五节　电动汽车的充换电设施

电动汽车的关键技术主要包括：以动力电池和充电设施为核心的能源系统；以驱动电动机和传动系统为核心的动力系统；以协调控制各个系统，保证整车安全、高效、舒适运行为核心的整车控制系统。对于减碳环保的电动汽车来讲，充电装置是不可或缺的，它的功能是将电网的电能向电动汽车车载蓄电池内转化，为电动汽车提供动力。

在我国发展电动汽车，充电设施建设和完善是必需的。现在，充电站和充电桩是主要的充电设施，他们的服务范围有所不同：充电站大多用于快速充电，辅助用于慢速充电的充电桩；充电桩是只能用于慢速充电。据了解，快速充电一般用时 10～30min，只能满足电池充电 50%～80%，保证汽车能继续行驶；慢速充电能让电池充电完全，但时间相对较长，至少需要 3h。

现阶段电动车产业仍处于起步阶段，各种可能的发展模式都在探索比较中。虽然目前国家在试点城市大力建设充电站和充电桩，但是可以促进电动汽车规模化发展和有效解决电能供给等问题的"换电为主、插充为辅、集中充电、统一配送"模式正在得到越来越多人的认可。随着换电模式的发展将会形成如图 6-7 的新型产业链结构。针对图 6-7 中充换电网络，本节将针对充电站建设模式和充电桩分别进行综合分析[14]。

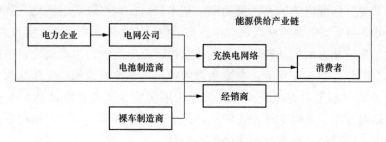

图 6-7　电动汽车充换电新型产业链结构

一、充电站

1. 集中充电及配送模式

集中充电站是电池更换业务的基础。电池仍然是要充换电的，只不过通过电池更换将电池充换电由充电站转移到提供电池更换业务的服务提供商——供电公司来完成而已。在电池更换业务模式下，集中充电站要完成电池的充电、放电、电池保养和维修、电池的技术监测和仓储的功能。集中充电站根据充电电池的技术规范和相关标准对电池进行集中检测，计量电池集中充换电的电量，并能够和电网进行电量和电费结算。集中充电站一般不面对最终客户，而是作为对电池集中充电的"工厂"，起着核心作用，回收电能已经耗尽的动力电池，再对其进行充换电，完成后通过物流网将充满电的汽车电池配送到各个充电站、服务网点以及各代理点。集中充换电站利用集中、专用设备在低负荷或者低谷时段完成对电池的集中充换电工作，以保证有足够的可用电池向各二级服务网点进行配送。

集中充电及配送模式中，建设在城区的电池配送站分布可以较为广泛，因其占地面积小，与充换电站相比其布点相对灵活，选址相对容易，考虑通过集中充电站为配送站提供电池，进行统一配送。配送站可以通过电池配送，根据车流量密度、实际需要，对每站日服务能力进行灵活调整。这种模式弥补了目前电动汽车续航里程不及燃油车，也不会影响用户的大量时间来换电。

物流是集中充电及配送中不可或缺的因素，电池配送都要借助物流力量来实现。物流网络是电池置换业务的关键，只有安全、高效、准确的物流配送网络，才能支撑电池置换业务。物流网络可以以配送中心为骨干，按照科学的密度设置分中心覆盖整个服务区域，还可以引入第三方代理机构构建到户的配送体系。

集中充电及配送模式可以对电池进行集中谷电充电、统一管理和维护，减少对配电网的负荷压力，降低网损，避免不必要的配电网建设改造，并提高充电的经济性。集中充电站具有储能系统，可在电网需要时利用电池给电网输电，保持电网的稳定并能提高电力资源的利用率。

2. 充换电站模式

充换电站提供标准电池的充、换功能，基本自给，也可以通过调动从集中充电站获取电池，还可适当提供电池给配送站。主要实现电动汽车的换电功能，实现对电池的换、储、转、运、充等几方面的功能，具备主站监控、充电监控、电池监控、供配电监控、系统接口、安防监控等相关功能，主要负责监控站内充换电设施的工作状态信息。

充换电站模式与集中充电及配送模式最大的区别在于充换电站基本不需要物流条件，充电可以避开用电高峰期即在夜间充电，而高峰期以换电为主。这样既减少了对接入电网的影响，也提高了充换电模式的经济效益。

考虑续航里程因素，充换电站模式可以说能将电动汽车成为不仅仅是城市内的交通手段，并能让电动汽车在高速上奔跑，成为城际之间的交通纽带。集中充电及配送模式虽然灵活，多样化，但地方的配电站对电池的充电能力有限，而车流量是流动并且不断变化的，一些车流量变化大的站点可能面临电池数量供应不足的情况，这时就需要从集中站调配。这种方式在城市内短距离的确实有优势，但是电动汽车不只是局限于城区范围的，充换电站模式便实现了电动汽车跨城市的可能性。充换电站模式可以说为电动汽车开辟了新的领域，实现了更大的经济效益。

二、充电桩

1. 充电桩的功能需求

伴随着电动乘用车辆的逐步推广，人们对其相配套的充电设施也给予了极高的关注。如果充电桩能够对电动汽车进行安全、智能地充电，那么电动汽车的普及进程将会加快。为了实现充电桩在管理和应用方面的智能化，就需要了解充电桩的功能需求。

经调研，电动汽车充电桩需具有下述几大功能：

（1）要保证系统正常工作，监测和保护措施必不可少，充电桩必须具有电气保护装置，当系统发生故障时，系统规定的时间内能快速切断充电电源，确保用户的人身安全。

（2）充电桩必须可靠运行，充电桩设备要采用模块化结构，局部故障不能对整个系统的正常运作造成威胁，充电桩还必须能够并行处理多个事件。

（3）所有登录、控制、退出等重要操作，充电桩要有相应记录，还要允许对操作记录进行查询和统计，充电桩还要有保证系统数据和信息不被窃取和破坏的安全防护。

（4）充电桩应采用全中文图形交互界面，用户根据屏幕显示就可以实现自助充电，为人们直观清晰的充电操作提供便利。

（5）用户在充电桩上可查询到充电时间、地点以及充电电量等基本信息的历史数据，充电桩上还应安装有嵌入式打印机，方便打印充电报表。

（6）充电桩应能依据从电能表中导出电量信息，并计算用户充电所花费的金额，并能将数据保存备份，方便发送到后台监控系统。

（7）充电桩系统应能实行梯形计费机制。现在，为节约资源，合理用电，全国上下开始依据梯形电价机制来设定电价收费标准，因此停车场的充电控制系统也应采取这种机制，针对不同的时间段采取不同的收费标准。

2. 充电桩的工作原理

电动汽车交流充电桩采用的是交、直流供电方式，交流工作电压是 220V 或 380V，可以针对不同型号的电动车，采用相应的电压等级进行充电，普通纯电动轿车用充电桩充满电需要 4～5h。直流充电桩的输入电压采用三相四线 AC 380V，频率为 50Hz，可提供足够的功率，并且输出为可调直流电，因此可满足快速充电的要求，其原理图如图 6-8 所示。

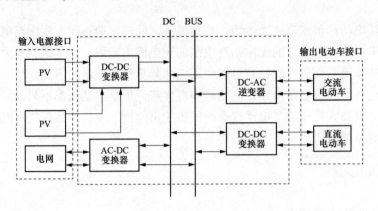

图 6-8   充电桩原理图

电动汽车充电桩、集中器、电池管理系统、充电管理平台等相辅相成，构成了充电桩系统。其系统结构图如图 6-9 所示。

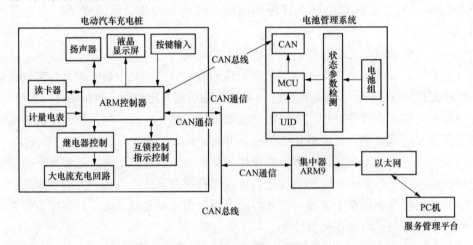

图 6-9   充电桩系统结构图

电池管理系统（BMS）实时与充电桩控制器进行信息交互，目的是为了监控电池的电压、电流和温度等状态参数，预测电池的容量（SOC），避免电池出现不良现象（过放电、过充、过热和电池单体之间电压的不平衡），使电池的存储能力和循环寿命得到最大化的保证。

服务管理平台主要对电动汽车电池信息、IC 卡信息以及充电桩的信息这些数据进行集中的管理。综合来讲，服务管理平台的重要功能在于充电的管理和运营以及综合查询等。为了与客户进行直观清晰的沟通，充电桩上都有可显示重要信息的液晶显示屏方便人机交互。电动汽车充电时，显示屏上会显示充电时间、充电电量、应付金额等主要信息。

三、充电设施比较

目前，国内的充电设施主要是充电站和充电桩。充电站内，一般配有若干个快速充电插头及少数的慢速充电桩。一些城市计划在住宅小区、停车场和超市等公共场合建设充电桩。两种充电设施各有优劣，需根据实际选择适合本地的设施种类。以快充模式为主的充电站具有充电时间短、充电效率高的优点。在高速沿线的服务区、大型充电站等地方选用的电源多是能产生 600V/300A 直流电的充电桩[15]。通常还要考虑包括使用环境等方面的因素，充电桩只有在产生较高电压和较大电流，并且功率也较大（约 100kW）时，才能保证电动汽车的充电效率[16]，这对充电的技术方法和安全性提出了较高要求。因此，充电站比充电桩耗费的建设和管理成本高很多，规模应该和加油站相当。

现在车用电池技术还有待发展，快速充电模式会对电池造成较大的损伤。专家认为，快速充电模式等同于在相对短的时间内强行向电池"灌入"电能，经历几次快速充电后的电池，其寿命会大大降低。另外，值得注意的是，大规模电动汽车的充电需求单单依靠充电站是满足不了的，而且充电站会占用土地面积，产生大量的管理成本。因此，如图 6-10 所示的充电站只适用于为少量的公共交通工具提供充电服务。

图 6-10　电动汽车充电站

充电桩占地面积很少，如图 6-11 所示，路边只需要 1m² 的空地就能建设一个充电桩，成本很低，很适合在城市中的超市、停车场、住宅小区等车辆密集停放的区域建设。更重要的是，充电桩主要是慢速充电模式，因其需要很小的电流，这样就保障了其安全性能，而且对电池使用寿命的延长很有益处。但这种模式的缺点同样明显，在车辆有紧急运行需求时，不能及时实现充电。例如，提供 220V/16A 的交流电源的家用充电桩，所用的充电机是体积小且操作简单的车载充电机。这种充电桩主要为私家车提供充电服务，其功率为 3～5kW，充电时间需要 5～10h。

综合两种充电模式的优劣，目前我国更适合建设充电桩，尽管充电速度较慢，但充电桩具有成本低、建设方便的巨大优势。在电动汽车发展的初级阶段更符合市场需求。

其实，建设充电桩还是充电站是不矛盾的，在城市的中心，以快速充电为主的充电站也是对充电模式的丰富，能够满足对充电速度有要求的消费者。未来，充电桩和充电站将共同发展，充电桩的数量会多一些。据了解，日本东京目前有 87 个充电站，超市、住宅附近的充电桩则随处可见。电动汽车充电桩采用的是交、直流供电方式，以电能作为动力，解决了因汽车尾气而造成的环境污染，适合低碳城市的发展。近年，作为充电站建设配套设施的电动汽车充电桩也因此得到了迅猛的发展。

图 6-11　电动汽车充电桩

▲ 第六节　电动汽车充换电设施评价指标体系

电动汽车充换电设施的建设和发展是应对社会发展需求、提高电能终端能源消费比重的有效手段，是电动汽车大规模推广应用的前提和保障，在相当程度上决定了电动汽车的技术选择、应用模式和推广成效。开展电动汽车充换电设施工程项目评价有利于推进电动汽车充换电设施建设。

本节将基于技术性、经济性、社会性和实用性，构建电动汽车充换电设施工程项目评价指标体系[17]。

一、技术性指标

技术性指标包括以下内容：

1. 安全可靠性

主要从充电系统、更换系统和监控系统的基本功能和安全、更换时间、系统整体可用率等指标来评价系统的安全可靠性。其中：

（1）充电系统的基本功能和安全指标包括充电设施的防护等级和保护功能。根据 NB/T 33002—2010《电动汽车交流充电桩技术条件》，交流充电桩的防护等级应达到室内 IP32、室外 IP54；应具备过负荷保护、短路保护、漏电保护功能；应具备急停开关，可实现在充电过程中紧急切断输出电源功能。

（2）更换系统的基本功能和安全包括更换设备的导向和定位功能、电池架的锁止功能、更换过程的安全措施以及更换时间。充电架应具备对电池箱的导向功能；就位、充电和充满等状态显示功能；带有电池箱限位、锁止装置；在拆卸、搬运和安装电池箱的过程中，电池更换设备应能保证操作人员和电池箱的安全；乘用车电池更换时间小于或等于 5min，商用车电池更换时间小于或等于 10min。

（3）监控系统的基本功能包括监控、报警、记录和防病毒措施以及系统整体可用率。监控系统包括充电监控系统、供电监控系统和安防监控系统，系统可用率大于 99%。

2. 先进性

应从充电、电池更换、计量计费、监控管理和充换电服务网络等方面对指标的先进性进行评价，包括谐波治理、智能充电、自动化程度、电池管理、计量计费功能、监控系统数据查询响应时间、监控系统响应时间、外部系统互连、与电动汽车市场发展同步性、运营管理系统 10 项指标。其中：

（1）充换电站应满足 GB/T 14549《电能质量　公共电网谐波》的规定，其谐波治理可采取在低压母线安装有源滤波器或采用具有 APFC（有源功率因数校正）功能的充电机等方式实现。

（2）监控系统实时性应满足系统控制操作响应时间（从按执行键到设备执行）小于10s，画面调用时间小于 3s，实时数据查询响应时间小于 3s，历史数据查询响应时间小于 10s。

（3）运营管理系统是保障电动汽车充换电设施正常运行的系统，具有充换电设施资产管理、用户账户管理、费用结算等功能，可提供站点查询、应急呼叫等增值服务，提高充换电设施的运行效率和服务质量。根据充换电设施商业化运营发展方向，评价指标要求运营管理系统应覆盖 60%以上的充换电设施。

二、经济性指标

本节将对充换电设施试点工程项目的经济性进行评价，评价过程中主要分析换电站、充电站和交流充电桩的投入产出比。

1. 换电站投入产出比

换电站投入产出比指换电站收益 IN 与投资 K 的比值，其计算公式为

$$N = \frac{\Sigma IN}{\Sigma K} \tag{6-1}$$

换电站收益 IN 包括里程计费收入 IN_d、电泡购置补贴 IN_b、换电设施殖值 IN_h、电池残值，其计算公式为

$$IN_d = L_c \times P_t$$
$$IN_b = P_b \times n_b$$
$$IN_h = (K_h - K_p) \times 5\% + K_p \times 20\% \tag{6-2}$$
$$IN_c = \frac{L_{sy}}{L_{sj}} \times CO_d$$

或

$$IN_c = \frac{T_{sy}}{T_{sj}} \times CO_d$$

式中　IN_d——里程计费收入；

　　　L_c——车辆总行驶里程；

　　　P_t——里程计费价格；

　　　IN_b——电池购置补贴；

　　　P_b——补贴价格；

　　　n_b——补贴电池数量；

　　　IN_h——换电设施残值；

　　　K_h——换电设施总投资；

　　　K_p——配电系统投资；

　　　IN_c——电池残值；

　　　L_{sy}——电池剩余服务里程；

　　　L_{sj}——电池设计服务里程；

　　　CO_d——电池购置成本；

　　　T_{sy}——电池剩余服务时间；

　　　T_{sj}——电池设计服务时间。

换电站投资 $\sum K$ 包括充换电设施建设投资 K_s、充电电费成本 K_d、电池购置成本 K_g、运维成本 K_y，其计算公式为

$$\sum K = K_s + K_d + K_g + K_y \tag{6-3}$$

$$K_d = \frac{L_c \cdot P_w \cdot Q}{L_x} \tag{6-4}$$
$$K_g = n_d \cdot P_d$$

式中　P_w——网购电价，元/（kW·h）；

　　　Q——电池容量，kW·h；

　　　L_x——车辆行驶里程；

　　　n_d——电池购置数量；

　　　P_d——单套电池价格。

2. 充电站投入产出比

充电站投入产出比指充电站总收益和总投资的比值，其计算公式为

$$N = \frac{\sum IN}{\sum K} \tag{6-5}$$

式中　$\sum IN$——充电站总收益；

　　　$\sum K$——充电站总投资。

充电站总收益包括销售电量收入和充电设施残值，其计算公式为

$$\sum IN = IN_s + IN_C \tag{6-6}$$

$$IN_s = C \times P_1$$

$$C_y = n_f \times C_a \times n$$

$$IN_c = (\sum K - K_p) \times 5\% + K_p \times 20\% \tag{6-7}$$

式中 IN_s——销售电量收入；

IN_c——充电设施残值；

C——充电电量；

P_1——计费价格；

C_y——年充电电量；

n_f——服务车辆数；

C_a——车载电池有效充电量；

n——年运营天数；

$\sum K$——充电设施总投资；

K_p——配电系统投资。

充电站总投资 $\sum K$ 包括建设投资 K_s、运行维护成本 K_y 和充电成本 K_d，其计算公式为

$$\sum K = K_s + K_y + K_d \tag{6-8}$$

$$K_d = C \times P_w$$

3. 交流充电桩投入产出比

交流充电桩投入产出比的计算方法与充电站投入产出比计算方法基本相同。

▌三、社会性指标

社会性指标主要评价换电网络、充电站和交流充电桩的燃油替代效果，即减少燃油消耗的效果，即

$$R = \frac{nyxLm\rho}{1000} \tag{6-9}$$

式中 n——年运营天数；

y——充换电设施服务年限；

x——服务车辆数；

L——车辆平均日行驶里程；

m——油耗；

ρ——燃油密度。

油耗按 10L/100km 计算，燃油体积质量为 0.75t $/\text{m}^3$。

四、实用性指标

实用性指标主要评价设备运行管理制度、运行维护体系 2 个方面，包括运行管理制度、运维人员配置、紧急事件处理制度、培训内容和记录，共计 4 项 4 级指标，如图 6-12 所示。

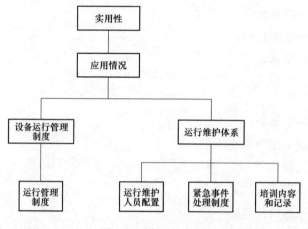

图 6-12 实用性指标

▲ 第七节 电动汽车充换电站试点工程

目前在电动汽车动力电池领域，锂离子电池已经取代了传统的镍氢电池成为市场新宠，它的能量密度高、输出功率大，并且充、放电速度快。尽管如此，当前流行的锂离子电池仍然存在几大挑战，如稳定性较差、容量易衰退以及能量密度依然不及汽油燃料。这些限制造成了电动汽车用车中所谓的"续航焦虑"。对于电动汽车的普及来说，这并不是小问题。尤其是没有汽油机作为备用动力的纯电动汽车。

对此，国网锦州供电公司负责兴建和管理的锦州白沙湾电动乘用车（充）换电站也于 2014 年正式建成并投入使用。该站的建成和使用标志着锦州地区已经正式进入了电动乘用车可以底盘换电的新时期。本节内容就以此为例，简要介绍了电动汽车充换电站的试点工程。

一、实例背景

锦州市共有汽车零部件行业企业 42 家，其中规模企业 32 家，2009 年 3 月 23 日上午 10 时 18 分，在位于滨海新区的锦州市万得集团汽车零部件产业园内，锦州第一辆电动汽车正式下线。该电动汽车最高时速达 70km/h，充满电可行驶 110km。之后，又经过近一年的发展，2010 年 1 月，锦州市区已有 10 辆纯电动出租车上路试运营。至此，锦州市成为国内继深圳之后第二个有电动出租车运营的城市。

2010 年 12 月，根据 2010～2015 年电网发展规划和设计委托书，锦州白沙湾电动乘用车充换电站的设计任务启动。

二、方案设计

(一)选址方案

锦州电动汽车充(换)电站北侧主入口与开发区主干道玉山路相连,西侧两个入口都与崔庄街相连,地理环境优越,交通便利。地块形状为矩形缺角,矩形尺寸为150m×60m,场地面积 9060.60m² [18]。

(二)供配电系统方案

供配电系统主要为充电设备提供电源,主要由一次设备(包括开关、变压器及线路等)和二次设备(包括监测、保护和控制装置等)组成。

考虑到该站的地理位置情况,接入 10kV 电源路径施工难度大,不可预见因素太多,故本方案考虑接入 66kV 电源,引入 66kV 双电源直接降压为 0.4kV,作为本充(换)电站的两路 0.4kV 低压主电源。

(三)充电系统方案

1. 充电工位设计

车载电池容量为 200Ah,每辆车换电池后续驶里程约 150km;两座车主要针对一般家庭自用,每辆车每 3~4 天换一次电池;充电机充电电流按 0.3A 考虑,单箱电池充电时间约为 3h;每天有效工作时间系数为 0.67,即每天有效工作时间为 16h。一期配置充电架工位 52 位,终期配置充电架工位 156 位。

2. 磷酸铁锂电池充电系统

电池型号为 72V/200Ah 电池(单体为 3.2V/200Ah,23 只一组),电池整组充电,充电电流按 0.3A,考虑一定的裕量计算得分箱充电机规格:输出电压范围为 DC 50~100V,额定输出电流为 80A;共需要 156 台 8kW(输出电压范围为 DC 50~100V,额定输出电流为 80A)充电机,每 6 台充电机组一面屏,共需要 26 面标准屏(2260mm×800mm×600mm)。每 4 面充电机屏配置 1 台交流电源柜,共需 7 台交流电源柜。

服务能力估算:集中充电每天可提供 600 箱电池供物流配送,可满足 1800 辆电动车换电的需求。

3. 整车充电系统

整车充电系统配置 1 台 100kW(输出电压范围为 DC 350~700V,额定输出电流为150A)分体式直流充电机、2 台 60kW(输出电压范围为 DC 250~500V,额定输出电流为 120A)分体式直流充电机、2 台 7kW(220V/32A)交流充电桩。共 5 个室外充电桩。

4. 电池更换系统方案

电池更换系统是电池充（换）电站的核心组成部分，由电池箱、电池充电架、电池转运架、电池输送系统、自动换电设备和电池搬运设备等组成。

（1）电池箱。电池箱由 23 只 3.2V/200Ah 单体电池、电池管理系统、箱体及相关电气附件组成。电池箱具有以下功能：

1）结构设计便于搬运和固定，具有锁止装置，确保其安装位置的正确性，并具有紧急解锁功能；

2）电池箱具备与充电机及电动汽车通信的接口。

关于电池箱电连接器的设计，通过前期的技术沟通，采用不改动车辆设计，保留原车用电连接器。电连接器拟采用以下设计方案：采用两套电连接器，一套是充电用电连接器，在充电桩上可以自动地插拔，以提高在集中充电站内充换电的自动化程度和快速化；另一套是车用电连接器，需要手工插拔（在电池箱安装于车辆上后，为了避免充电用连接器浸水、短路等故障，应将连接器护盖盖紧）。

（2）电池充电架。电池充电架由机械、电气和通信等装置组成，用以连接充电机和电池箱完成充电过程的电池箱存放设备。一期配置 52 个充电位，充电架按 1 列 4 层设计，共配置 13 个充电架，分 1 个单元布置。终期配置 156 个充电位，充电架按 1 列 4 层设计，共配置 39 个充电架，分 3 个单元布置。电池箱具有以下功能：

1）充电架采用框架结构，结构与电池箱相匹配；

2）充电架具有对电池箱的限位固定及导向功能；

3）充电架具有足够的机械强度以满足承载、抗振要求；

4）充电架具备电池箱就位、充电机充电且充满等状态显示；

5）充电架配置烟雾传感器，具备烟雾告警功能；

6）按单元化设计，易于扩展。

（3）电池转运架。是用以集中承载电池箱，实现电池箱安全存放和运输的设备。电池转运架按 2 列 4 层设计，每个转运架可存放 8 只电池箱。一期配置 13 个电池转运架，可同时存储 104 只电池箱。终期配置 40 个电池转运架，可同时存储 320 只电池箱。

（4）电池输送系统。电池输送系统是电池更换站中最为主要和关键的设备。其与电池箱、电池架的配合，包括电池存取设备和输送设备。电池存取设备实现电池箱在充电架和输送设备间的卸载和装载功能。

1）电池箱卸载：向输送设备移动做转移空电池准备，从输送设备卸载空电池，向电池充电架移动做电池移入电池架准备，将空电池移入电池充电架。

2）电池箱装载：向电池充电架移动做抽取充满电池准备；从电池充电架抽取充满电池；向输送设备移动做移入充满电池准备；向输送设备移入充满电池，输送设备实现电池箱的自动传输功能，将电池箱自动传输至充电单元。

（5）自动换电设备。针对特定类型电动汽车用蓄电池箱，专门设计电池更换设备及其配套附件。可人工实现方便、快捷、准确半自动取放电池箱的功能。自动换电设备实现电池箱在转运架和输送设备间的卸载和装载功能。

1）电池箱卸载：向转运架移动做转移空电池准备，从转运架卸载空电池，向输送设备移动做电池移入输送准备，将空电池移入输送设备。

2）电池箱装载：向输送设备移动做转移充满电池准备，从输送设备抽取充满电池，向转运架移动做移入充满电池准备，向转运架移入充满电池。

（6）电池搬运设备。电池搬运设备实现电池中转架在电池更换区和电池中转区之间的转移，电池搬运设备把装满空电池的转运架由电池中转区转移至自动换电区，再把把装有充满电池的转运架由自动换电区转移至电池中转区，准备电池配送。

5. 监控系统方案

（1）监控系统组成。充（换）电站监控系统的网络结构分为三层：第一层为充（换）电站中央监控管理系统，包括数据服务器、Web 服务器、监控主机等设备；第二层为配电监控、充电监控、烟雾监视和视频监视四个子监控系统；第三层为现场智能设备。各子监控系统通过局域网和 TCP/IP 协议与中央监控管理系统连接，实现对整个充（换）电站的数据汇总、统计、故障显示及监控。

（2）计量计费系统。充（换）电站计量计费系统包括电网和充电设施之间的计量、充电设施和电动汽车用户之间的计量计费结算两部分。充（换）电站内由用电采集终端负责采集各个关口电表、直流电表、交流电表的实时电量信息，通过本地工业以太网与计费工作站通信，将整个充（换）电站的总电量、各充电机的每次充电电量传送到后台进行处理，并把电量和计费信息存储到数据库服务器中；通过充（换）电站计量管理机完成与用电信息采集系统或上级监控中心的通信，确保上级系统能够实时获取充（换）电站内的电量信息。各部分的功能见表 6-3。

表 6-3　　　　　　　　　计量计费系统各部分的功能

功能名称	具 体 工 作
对时功能	终端对时：系统可以自动或手工进行时钟召测或对终端设备进行对时，可自定义最大和最小对时阀值，当时钟偏差在最大和最小对时阀值之间时，系统可自动对终端设备对时，当时钟偏差大于最大对时阀值时，系统可进行时钟偏差告警，当时钟偏差小于最小对时阀值时，系统不对终端设备进行对时
	电表校时：系统可以自动或手工进行时钟召测或对电能表进行校时
运行状况管理	系统自动检测终端、电能表以及通信信道等运行情况，记录故障发生时间、故障现象等信息，并建立相应的维护记录。系统可以以图形方式实时显示选择监测的终端、电能表的运行情况。终端、电能表发生参数变更、时钟超差或电能表故障等状况时，按事件记录要求记录发生的时间和异常数据
数据查询	系统支持按照充电机、时段等查询计量点的实时数据、历史日数据、历史月数据等。系统支持表格、图形的多种展现形式
电能量统计功能	当完成电能量示数曲线的入库后，根据电能量示数曲线计算电能量曲线，并在数据库中进行存储。当发现电能量示数曲线或电能量曲线异常时，生成相关的告警事件

续表

功能名称	具 体 工 作
日电能量统计	当完成日电能量示值（总、各费率）入库后，根据日电能量示值（总、各费率）计算日总电能量（总、各费率）。当发现电能量示值或日总电能量数据异常时，生成相关的告警事件
月电能量统计	当完成月电能量示值（总、各费率）入库后，根据月电能量示值（总、各费率）计算日总电能量（总、各费率）。当发现电能量示值或月总电能量数据异常时，生成相关的告警事件
用电量汇总	总用电量汇总统计：按照时间要素（日、月、年和任意时段）将计算对象（全站、充电机等）统计总电能量
	费率时段电量汇总统计：按照时间要素（日、月、年和任意时段）将计算对象（全站、充电机等）统计各费率时段电能量，并统计各费率时段电能量的比重
	总用电量统计分布：按照时间要素（日、月、年和任意时段）将计算对象（全站、充电机等）统计总电能量中各个计算分量的分布情况
	费率时段电量统计分布：按照时间要素（日、月、年和任意时段）将计算对象（全站、充电机等）统计各费率时段电能量中各个计算分量的分布情况

三、综合效益分析

通过锦州电动乘用车（充）换电站的建设案例，并结合我国电动汽车的其他试点工程，本节将从经济、社会、环境三方面简要分析了电动汽车的综合效益。

1. 经济效益分析

电动汽车目前一次性购买成本较高，但使用成本较低。据测算，以比亚迪 E6 纯电动汽车为例，对其快速充电 2h 可以充电 57kW·h，行驶里程 300km。按照商业电价 0.84 元/（kW·h）计算，行驶 300km 需花费 47.88 元。而对于传统的燃油汽车，按照油耗 10L/100km，油价 7.05 元/L，则行驶 300km 需耗费 211.5 元。由此可见，使用电动汽车将比传统汽车在使用成本支出上节省 77%。如果未来能实现居民"居家充电"，以居民用电峰谷电价分别为 0.558 元/（kW·h）和 0.358 元/（kW·h）计算，则电动汽车燃料的使用成本将比传统汽车节省至少 85%。

此外，以近年来油价与电价的上涨趋势来看，电价的上涨幅度明显低于油价的上涨幅度，据国家发改委统计，2003~2009 年期间，石油价格的年均增长速度高达 20%以上，电力价格年均增长 4.4%，其中居民电价年增长速度仅为 1.2%。燃料价格增长速度的差异将会进一步拉大传统能源汽车与电动汽车的使用成本。

电动汽车充电站的建设将大大提高电动汽车的续驶里程，促进电动汽车的市场需求，作为电动汽车发展的基础，充电站的建设将作为新的支柱产业，推动产业链条多个环节的技术进步。

从上游的稀土、碳酸锂、永磁体等基础材料的生产，到锂电池、超级电容、燃料电池等能源存储部件的研发，再到高效节能电动机、驱动智能控制系统的技术创新，覆盖了新材料、新能源、智能控制等多个新兴行业，能有效地拉动产业升级和经济增长模式的转型，增加我国在电动汽车整车技术，电动机、电池和控制系统，技术标准和检测能力，燃料电池离子膜、轻量化制造等基础技术，国际合作及产学研一体化等方面的科技创新能力，并创造出新的就业岗位和机会，为社会经济的发展提供新的增长点。

2. 社会效益分析

电动汽车充电站一般建立在大型停车场、变电站和公众服务场所等地方，根据实际需求，使充电站和营业厅一体化，在发挥充电站使用价值的同时，充分利用现有土地，提高了土地利用率。并且在商业化运作后，可以根据发达国家经验，在所有居民区、商厦、停车场和政府大楼安装充电桩，以方便电动汽车驾驶者随时为汽车充电，这种充电桩的占地面积仅为 $0.5m^2$，通过规划，可以在原有路面空地安装，不需占用额外的土地资源，即能实现电动汽车的"居家充电"。

城市用电高峰集中在白天，晚上是用电低谷，而在大型停车场等充电场所一些电动汽车采用白天行驶、夜间充电的运行方式，有利于减小系统负荷过大的峰谷差值、解决电力系统调峰问题，改善电网负荷特性，对电网的峰谷平衡、对盈余电力的消费都将起到很大的作用，不仅可以减少电网峰谷差，节省电能损耗，而且可以提高火电及核电的运行效率，节省燃料，从而提高电能资源的实际利用率，间接起到节能的效果。

经测算，在"十二五"期间，依靠纯电动汽车建设，所替代的石油消费所占的绝对数量和相对份额都较少，但是随着时间的推移，在各类充电站实现网络化、商业化运行后将可以为除纯电动汽车外的各种与电能混合动力的汽车提供能源，并且随着整个新能源汽车市场的发展，此替代比例将会逐步上升，在减少石油资源的对外依存度中起到举足轻重的作用，有利于维护国家的能源安全。

3. 环境效益分析

大力发展电动汽车产业，是国家节能减排的一项重要举措，通过电动车充电站等配套设施的建设，可以为电动汽车产业的发展提供有力的保障，有效减少单位 GDP 的 CO_2 排放量[19]。

根据国家发展改革委提供的燃煤电厂 CO_2 的排放因子为 0.9135t/（MW·h），可得充电汽车每行驶 100km 需间接排放 CO_2 的量为 21.5×0.8167/1000×913.5=16.04（kg），按照汽油的碳排放因子 $1.89×10^{-11}$t/J 计算，普通燃油汽车每排放 CO_2 的量为 0.2164kg/km。这与电动汽车厂家提供的数据基本一致，具体数据对比见表 6-4。

表 6-4 电动汽车与燃油汽车排放数据对比表

项目	理论计算结果	电动汽车厂家数据
电动汽车 CO_2 排放	0.1604kg/km	0.12kg/km
燃油汽车 CO_2 排放	0.2164kg/km	0.19kg/km
电动汽车标准煤消耗量	0.06005 kg/km	—
燃油汽车标准煤消耗量	0.1065kg/km	—

通过大规模的充电站建设，将为这些电动车的行驶提供充足的能源动力。按照每辆

电动车年平均行驶里程为 20 000km，相对燃油机动车，年累计减排 CO_2 将至少达到 $(21.64-16.04)\times100\times266\times20\,000/1000=2\,979\,200$（t），实现了良好的环境效益。

交通运输业在消耗大量不可再生资源的同时，也排放出大量有害气体，污染着大气环境，而电动汽车还能有效减少一氧化碳、碳氢化合物和用二氧化氮当量表示的氮氧化物等有害气体的产生。燃油汽车产生大量尾气，影响人的身体健康，产生酸雨和光化学烟雾等环境问题，电动汽车作为新能源汽车重要组成部分，行驶过程中不产生有害气体，基本能实现各种污染物的零排放，将改变交通污染环境的传统观念。纯电动汽车与燃油汽车主要有害气体排放比较见表 6-5[20]。

表 6-5　　　　　　　　　　　废 气 排 放 比 较

废气组成	燃油汽车	电动汽车
CO	17g/km	0
碳氢化合物	2.7g/km	0
NO_x	0.74g/km	0

通过以上经济效益分析发现，电动汽车充电站的建设将提升电力资源利用率，减少二氧化碳及碳氢化合物等污染物排放，降低我国的石油依赖度，增加国家能源安全，给车主带来低廉的使用成本，并促进整条产业链的科技进步和产业升级，由此可见，通过建设电动汽车充电站将产生巨大的经济、社会和环境效益。

此外，由于目前我国火电所占的比例还较高，使得电能的环保性还不十分明显，但随着水电、核电以及各种新能源发电所占比例的提升，通过优化电源结构可实现超低量排放，电动汽车充电站所提供的电能的社会效益将会越发明显，将产生巨大的环境福利。

参 考 文 献

[1] 陈清泉，孙逢春，祝嘉光. 现代电动汽车技术 [M]. 北京：北京理工大学出版社，2002.

[2] 陈清泉，詹宜君. 21 世纪的绿色交通工具—电动汽车 [M]. 北京：清华大学出版社，2001.

[3] CHAN C C.The state of the art of electric and hybrid vehicles [J]. Proceeding of IEEE, 2002（2）：1-29.

[4] RIAZENMAN M J. Engineering the EV future [J]. IEEE Spectrum, 1998（11）：18-20.

[5] 范玉宏，张维，陈洋. 国外电动汽车发展分析及对我国的启示 [J]. 华中电力，2011（6）：8-12.

[6] 亚洲汽车产业调查分析 [J]. FOURIN 世界汽车调查月，2015（80）：34-35.

[7] 张冬明. 新能源汽车推广应用相关政策及趋势分析 [J]. 汽车工业研究，2015（1）：19-23.

[8] 辛凤影，王海博. 电动汽车发展现状与商业化前景分析 [J]. 国际石油经济，2010，07：20-24，93-94.

[9] 陈全世. 我国新能源汽车产业的发展与挑战 [J]. 时代汽车. 2015，10：13-23.

[10] 孙田田，王林，郭巧巧，等. 纯电动汽车与氢燃料电池汽车发展现状及前景 [J]. 科技视界，2016，04：163-164.

[11] 李建，梁刚，刘巍. 纯电动汽车的结构原理与应用探讨 [J]. 装备制造技术，2011，01：108-109，

117.

[12] 何云堂. 我国电动汽车的标准体系 [J]. 汽车与配件，2011，22：47-49.

[13] 任玉珑，李海锋，孙睿，等. 基于消费者视角的电动汽车全寿命周期成本模型及分析 [J]. 技术经济，2009，11：54-58.

[14] 行征，高岩，董进. 电动汽车充换电系统的 SD 模型研究 [J]. 交通运输系统工程与信息，2012，03：180-186.

[15] 陈良亮，张浩，等. 电动汽车能源供给设施建设现状与发展探讨 [J]. 电力自动化系统，2011，35（14）：11-17.

[16] 张允，陆佳政，李波. 利用有源滤波功能的新型电动汽车交流充电桩 [J]. 高压电技术，2011，37（1）：150-156.

[17] 张红斌，刘应梅，李敬如，等. 电动汽车充换电设施工程项目评价指标体系与评价方法 [J]. 能源技术经济，2012，06：32-36.

[18] 惠文红，魏占杰. 电动乘用车充换电站规划设计研究 [J]. 电气应用，2013，S2：54-57.

[19] 居勇. 建设电动汽车充电站的约束条件及综合效益分析 [J]. 华东电力，2011，04：547-550.

[20] 刑文. 电动汽车的环境效益分析 [J]. 环境导报，2003（24）：23.

第七章

电采暖技术

在我国，冬季采暖地区幅员广大，所采用的采暖方式包括燃煤、燃气、燃油、电采暖等，但大多是以燃煤设备采暖为主。近些年，由于大量燃烧矿物质能源，造成了环境污染和生态破坏。采暖作为城市重要的能耗之一，在某种程度上成为改善大气环境质量的关键。电采暖的逐步推广和应用，无疑将成为城市环境污染"减负"的重要手段之一。随着我国电力事业的飞速发展，利用电能产生热量进行采暖的方式，其清洁和方便性越来越得到人们的认可，发展电采暖技术已成为必然趋势。

▲ 第一节 电采暖技术分类

电采暖技术按采暖方式分为干式采暖和湿式采暖两大类。

1. 干式采暖

干式采暖按照受热面积及均匀性分为点式采暖、线式采暖、面式采暖。
（1）点式采暖：以空调、电热扇、辐射板为代表；
（2）线式采暖：以发热电缆为代表；
（3）面式采暖：以电热膜为代表。

2. 湿式采暖

（1）电阻采暖、电磁采暖。电阻采暖：以电阻棒、PTC 陶瓷、石英玻璃管为主；
（2）电磁采暖：以高频电磁、中频电磁、工频电磁为主。

国内市场上的电采暖设备越来越多，普遍采用的电采暖形式有：电锅炉、电热膜、低温电缆、热泵等。各种电采暖设备类型及特点详见表 7-1。

表 7-1 电采暖设备类型及其特点

类别	设备名称	使用形式	特点
电锅炉	电锅炉	直接供热	初期投资小，运行费用高
		蓄热供暖	初期投资大，运行费用低，可"削峰填谷"
	蓄热式电锅炉	蓄热供暖	运行费用低，可"削峰填谷"
	户用电锅炉	直接供热	运行费用高
		蓄热供暖	可用低谷电，运行费用低
	热超导电暖器	直接供暖	单体、灵活，运行费用低
电热膜	电热膜	直接供暖	施工方便、运行费用高
低温电缆		直接供暖	施工复杂，有蓄热功能，运行费用低
热泵	水源热泵	直接供暖	

▲ 第二节 电采暖技术原理

电采暖是指直接利用电能加热的采暖方式，主要以电热产品（如发热电缆、电热膜）作为热源，将电能转化成热能直接放热或通过热媒介质在采暖管道中循环来满足供暖需求的采暖方式或设备。因此，其能量转化效率可达99%以上。

浅析电采暖技术工作原理，在电热转换中分为以下三种方式：

（1）直接电热方式以热量利用外表材料辐射扩散或以对流传热原理发出热量，直接加热室内空气。直接电热产品主要为室内电暖器。

（2）间接供热方式主要依靠天棚石膏板和地板等受热后缓慢加热室内空气予以供暖，加热元件目前主要采用电热膜和发热电缆。间接供热方式温控性能较差，热量利用率较直接供热方式低，且安装检修十分复杂。

（3）电蓄热方式是指在谷底时间段，利用较大功率电热管发出热量，加热大体积蓄热砖，以蓄热砖储存的热量支持室内全天供暖，利用峰谷电差价，错峰用电，达到降低电费的目的，但由于蓄热转储存的热量不能有效调节和分配，谷底储热一般无法支持全天有效供暖，电暖器内部最高温度可达 900℃，影响电热管使用寿命。蓄热式电暖器结构如图 7-1 所示，该设备功率大、体积大、能耗大、热量控制性能差，供暖费用高。

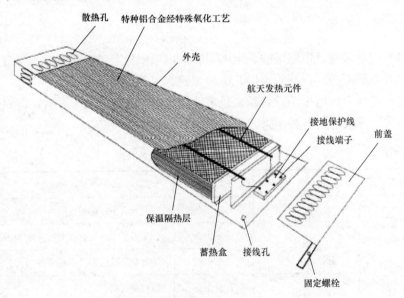

图 7-1　蓄热式电暖器的结构图

┃ 一、电暖器及其工作原理

电暖器属于分散式电采暖，主要形式有电热微晶玻璃辐射取暖器、电热石英管取暖器、电热油汀、PTC陶瓷电取暖器和对流式取暖器（暖风机）等普通电暖器和具有蓄热功能的相变蓄热电暖气等，结构如图 7-2 所示。

二、电锅炉及其工作原理

电锅炉采暖属于集中式电采暖，其产生的热媒（热水或蒸汽）由集中供热管道输送到每个房间，多用于一幢楼宇或建筑密集的居民、商业小区供热。电锅炉有普通、蓄热两种。普通电锅炉不带蓄热功能，国内电采暖推广初期被大量使用，使用结果表明，其运行费用偏高，关键是它不能充分利用夜间的廉价电，且进一步加大电网的峰谷差。现在普通电锅炉逐渐被蓄热式电锅炉所替代。蓄热式电锅炉采用低谷电蓄热，可削峰填谷，缩小电力供应峰谷差，优化电网结构，得到电力部门推荐，用户可享受低谷电价，但一次投资较高。电锅炉采暖由于供热管网有热损失、末端用户调节困难，其总体能源利用率较低。

图 7-2　电暖器

三、电热膜及其工作原理

目前国内涌现出了大量的电热膜生产厂家，其使用得到大力推广。电热膜属于分散式电采暖，其结构如图 7-3 所示，是一种通电后能发热的半透明聚酯薄膜，由可导电的特制油墨、金属载留条经印刷、热压在两层绝缘聚酯薄膜间制成的，并配以独立的温控装置，其工作时表面温度为 40～60℃。电热膜采暖时大部分热量以辐射方式送入房间。由于单独的电热膜采暖不具有蓄热功能，其运行费用偏高，不利于电网的削峰填谷。如能与相变蓄热电热地板结合使用，则可克服这一缺陷。

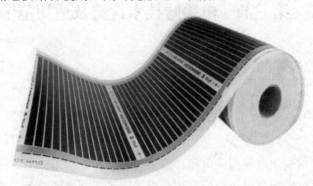

图 7-3　电热膜结构

四、相变蓄热电热地板采暖

相变蓄热电热地板结构如图 7-4 所示。它是一种新颖的采暖方式，目前还处于研究中。相变蓄热电热地板利用定形相变材料把电热膜或电缆所消耗的夜间廉价电转变为热能储存起来，供白天采暖。节省采暖运行费用、对电网实现削峰填谷。将相变材料储存电热与电热膜相结合，是洁净、节能、方便和舒适的选择。

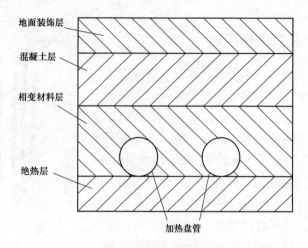

地面装饰层
混凝土层
相变材料层
绝热层
加热盘管

图 7-4　相变蓄热电热地板结构

五、电辐射器采暖工作原理

电辐射器供暖系统通过电能转化为辐射能，使物体受热升温，从而达到供热的目的。它不以空气为介质传递能量，而是直接把热能辐射出去，给物体供热。它具有升温快、效率高、热损失小等特点。因为电辐射器可以吊挂在较低的高度——大约在 2.8m，电辐射器适合用于无热源的较高建筑物，建筑面积不宜大，否则初投资及运行费用都会增高。这种供暖方式在采油厂注入站、污水站厂房、变电站等供暖中都有应用。这些电辐射供暖系统都可实行自动控温功能。

▲ 第三节　电采暖技术优势及适用范围

一、电采暖技术的优势

电采暖技术区别于其他采暖方式的独有优势[1]主要体现在：

1. 环保安全

电采暖技术采用清洁型能源—电能，这不仅表现在终端用户上，还表现在发电形式上，水电，风电，核电等都是清洁型能源。电采暖不需要燃烧设备，室内不起尘，室内外无任何污染，不漏电，无需检修，如需停用或节电可自行调节，免去了燃煤污染和煤气或中毒的后顾之忧，对采用集中供暖的用户而言，不用担心采暖设备的跑、冒、滴、漏等故障所带来的不便以及传统采暖方式所带来的局部过热或过冷现象。

2. 可以实现智能控温

采用电采暖技术升温快，可通过直接制热也有通过介质制热。当前世界上先进的电采暖为低温辐射电热膜供暖系统，它具有耐潮湿、耐高压、高韧度、承受温度范围广、运行安全、低收缩率、便于储运等优良性能。在美国、加拿大、挪威等发达国家已有 20 多年的应用历史，应用十分广泛，于 20 世纪 90 年代首次进入我国。它是一种以电力为能源，通过红外线辐射进行传热的新型供暖方式。

3. 按需供热

按现行供热体制采暖计费方式多数是按建筑面积收费，供热末端不具备有效准确的热量调控、计量手段，忽视了人们的主管需要，缺少考虑供暖效率。供暖成本因素与能源危机意识有关，采暖用户没有节能积极性，从而造成了能源的极大浪费。按需供热可以理解为按人的即时需要供热，它与分户供暖相比更为节能。

4. 升温速度可控

用户可以根据室内的温度状况，随时进行延长或缩短通电时间的操作，用户还可根据具体的采暖需要，通过手动调节或电子自动控制，来调整释放热量的大小，达到用户的不同要求。避免了传统方式系统带来的隐患及供暖温度不均衡等现象。

5. 电网利用效率高

人们对电能的利用，大部分仅限于白天的用电高峰期，而晚上利用的电能却很少。针对这一现状，可根据各地在夜间利用的低谷电，将其加热满足夜间取暖，并在加热的同时，将多余热量储存起来，在白天用电高峰期断电后，存储在储热体中的热能自然释放出来。这就为夜间低谷点蓄能的广泛应用创造了有利的条件和广阔的市场发展空间。

6. 节约室内空间、提升建筑物的土地利用率和开发成本

用电采暖技术替代传统的采暖方式后，无需建筑物配备锅炉房等配套措施，所以能够大大提升建筑物对土地的利用率，同时也不再需要担心旧有采暖方式带来的排水管道问题，这在减轻采暖设备后期维护成本的同时，也将会在一定程度上减少建筑物的投资成本。

▌二、电采暖技术的适用范围

在国家节能减排政策和全球对于低碳经济的高度重视下，作为新型采暖方式，电采暖方式以不耗水、不占地、开关自主、节能节材、符合减排低碳的政策导向、促进节能建筑发展的特点，在采暖行业引起广泛关注。

电采暖作为一种新型采暖技术和方式，应用范围十分广泛，通常主要应用于：

（1）建筑：住宅小区、宾馆、写字楼、医院、学校、别墅、老年公寓、幼儿园、图书馆、商场等。

（2）工业：罐体保温、管道伴热、库房、工业厂房等。

（3）交通：站台供暖、道路融雪。

（4）农业：蔬菜大棚、花房、育雏箱等。

（5）家用：防雾镜、电热画、电热脚垫、电热坑、写字台板等。

▲ 第四节　电采暖技术成本分析

以 10 000m² 居民住宅为例，对电采暖技术的经济成本进行分析[4]。各种电采暖方式的初投资及运行费用见表 7-2。

表 7-2　　　　　　　　　各种电采暖方式的投资及运行费用表

项目	初投资（万元）	日用电量/（kW·h）			年采暖费（元）	每平方米年采暖费（元/m²）
		谷电	平电	峰电		
电锅炉（直供）	45	5040	3600	5040	632 100	63
电锅炉（蓄热）	80	11 200			201 600	20
户用电锅炉（直供）/（台）	0.3	4320	2880	5040	347 840	34
户用电锅炉（蓄热）/（台）	0.3	11 200			190 400	19
电热膜	90	4320	2880	5040	347 840	34
低温辐射电缆	100	5760	2880	2880	313 344	31
燃油锅炉	45					40
燃气锅炉	50					30

注　1. 工业用电谷电电价为 0.02 元/（kW·h），平电电价为 0.53 元/（kW·h），峰电电价为 0.81 元/（kW·h）；居民用电谷电电价为 0.20 元/（kW·h），平电、峰电 0.44 元/（kW·h）；

　　2. 初投资中不含配电费用。

由表 7-2 可以看出，几种电采暖设备每平方米的采暖费低于燃油和燃气锅炉，几种电采暖锅炉初期投资经济顺序为电锅炉、电热膜、低温敷设电缆，而电采暖形式中以蓄热式电采暖最为经济。

蓄热式电采暖不仅经济效益好，而且可以有效地减少环境污染，提高工作质量，社会效益十分明显。而采用蓄热式采暖方式，可以降低运行成本，提高电网整体利用率，起到"削峰填谷"的作用。另外，分户蓄热供暖型设备体积小，运行安全可靠，既能解决一家一户的采暖问题[3]，又能使用低谷电，解决居民采暖费用承受能力的问题，分户供暖设备将成为今后居民采暖的重要手段。

▲ 第五节　电采暖技术评价指标体系

▎一、环保指标

以电热地膜、高频电磁感应加热器为代表的电采暖方式，是实现全民低碳供暖的重要途径。电采暖技术具有很强的环保效益,未来的无污染采暖示意如图 7-5 所示。

图 7-5　未来的无污染采暖示意图

其中的低碳特性主要体现在直接能源、能量转换、污染排放、人居生活及社会经济等方面。

(1)低碳能源:采暖能源的清洁、可再生。

相对于煤炭、天然气、秸秆、木材等采暖能源,电能作为一种最有发展潜力的采暖能源,正随着以太阳能、风能、水能、核能等为代表的新能源的兴起而蓬勃发展。而新能源所提供给人类的电能是清洁的、可再生的,是真正的低碳甚至"零"碳能源。

(2)低碳转换:采暖的热转换效率高。

相对于传统采暖方式,电热供暖系统的热转换率高达 98.68%,可以大大减少转换及传递过程中的能量损失。

(3)低碳排放:废气等污染的零排放。

相对传统采暖方式,使用电能作为采暖能源,不需要建锅炉房、储煤、堆灰、管网等设施,节约了土地,不产生废气、废水、废物等污染物,从而废气等污染的排放直降为零。同时,以煤炭作为发电能源,可以通过促进和提高煤炭发电的规模性和集约性,节省和减少煤炭运输过程中的能源损失及车辆污染,从而在整体上减少碳排放,由此强化能源使用的低碳性。

(4)低碳生活:符合人体功学设计,舒适与智能化。

相对于以散热器、空调、电暖器为代表的点式供暖系统及以发热电缆为代表的线式供暖系统,以电热地膜、高频电磁加热为代表的新一代电热供暖系统,十分契合人在活动空间足暖头凉、身体舒适的宜居需要。具体来说:这种独有的加温方式,让人感觉室内温度均匀、清新、舒适静音,而且没有传统供暖产生的干燥和闷热,也不会因气流引起室内浮灰。电热地膜、高频电磁加热不仅加热了室内空气,同时系统内散发的远红外线波对人体有调节免疫、延缓衰老等功能,自下而上的升温过程符合暖足温头的人体养生学原理。另外，智能温控功能可以让人随心取暖，促进行为节能，开启全新一代人性化低碳生活。

（5）低碳经济：有力推动建筑节能及低谷电力的创收。

电热地膜、高频电磁加热供暖系统的使用，以建筑节能为前提。从而，这一新兴采暖方式的大力推广和普遍使用，直接地推动了国家 65% 的法定建筑节能标准的严格检验及落地执行，并由此推动了中国低碳建筑的发展。另外，从电力使用平衡角度上看，高峰用电量与夜间用电量相差悬殊，造成夜间电力的浪费。充分利用低谷电量，不但可以为国家增加低谷电力收入，而且也可以降低发电成本、平抑电价、节约能源，推动电力能源的低碳化使用。

■ 二、经济指标

现有电网都普遍存在一个问题，就是低谷电量不能充分利用，导致大量发电容量冗余，火力发电厂不得不大规模压减发电量甚至停机，水电厂也不得不大量弃水。另外，随着人民生活水平的提高和环保意识的加强，用电负荷不断增加。结果形成用电低谷时用电严重不足，而用电高峰时有些地方又不得不拉闸限电的状况。为解决这个矛盾，国家电网公司推出《国家电网公司电能替代实施方案》，推广应用电储能技术，将用电低谷时段多余的电能储存起来，在用电高峰时再释放出来，以弥补用电高峰时段电能的不足，充分利用低谷盈余电力。在全国大、中城市逐步淘汰燃煤锅炉，提倡集中供冷或供热，推广应用电能替代技术。

在推广和使用电采暖技术过程中，带来的经济效益不容忽视。如果用电采暖技术的蓄热式电锅炉，不仅可以享受到峰谷电价和一些相关的优惠政策，而且对于能量的有效利用也是非常有意义的。对电网负荷起到削峰填谷的作用。这类采用电采暖技术的产品设备可以在用电低谷时用电能产生蒸汽或热水并将热能储存在蓄热器中[4]，在用电高峰时电锅炉降负荷或停止运行，由蓄热器降压产生蒸汽供热用户使用。这种利用低谷电蓄热，缩小电力供应峰谷差的运行方式能够均衡电网的负荷，减少电厂机组的调峰操作，使机组运行负荷稳定。

■ 三、性能指标

电采暖技术具有很高的自动化程度，可以节省以前取暖方式的必需的煤存储空间，节省了土地，也节省了大量的人力资源，减少了劳动强度[5]。如某住宅小区的电采暖系统，每天只要 2 个人值班，简单的操作控制柜就可以达到供热的效果，而在以前，给相同面积的小区供暖需要最少 20 人、1000m² 的存煤空间。由此可见，电采暖技术的应用具有巨大的社会效益。

其中，应用最为广泛的直接作用式电采暖散热器，从安全和使用角度考虑其相关的性能指标主要有输入功率、表面温度和出风温度、升温时间等。

电采暖散热器出厂时要求标注功率大小，这个功率称为标称输入功率，但是产品在正常运行时，也有一个运行时的功率，称为实际输入功率，这两个功率有可能不相等。

有的厂家为了抬高产品售价，恶意提高产品标称输入功率的值，对消费者造成损失，因此，输入功率是衡量电采暖散热器能力大小的一个重要指标。

表面温度和出风温度是电采暖散热器使用过程中是否安全的指标，其最高温度要求对于人体可触及的安装状态，接触电采暖散热器表面或者出口格栅时对人体不产生烫伤或者灼伤，同时对于建筑物内材料不造成损害。

升温时间是评判电采暖散热器响应时间的指标，电采暖散热器主要是通过对流和辐射对建筑物进行供暖的，只有其表面温度或者出风温度达到一定温度时才会起到维持房间温度的效果，一般升温时间指从接通电源到稳定运行时所用时间，通常稳定运行的概念是：电采暖散热器外表面或出气口格栅温度的变化不大于 2℃，则可以认为已达到稳定运行。从节能和使用要求考虑，电采暖散热器升温时间越短越有利。

■ 四、政策指标

我国城市目前在能源的使用上，仍然以燃煤、燃油为主，不仅仅造成了能源的消耗，还造成了严重的环境污染，空气中悬浮物颗粒、二氧化硫、一氧化碳、二氧化碳等含量严重超标，给人身体健康和植物生长造成了极大的危害。为此，各大、中城市相继出台解决燃煤污染问题的政策，逐步禁止使用燃煤锅炉和民用煤炉。相比之下，电能作为清洁能源，具有很强的优势。

利用电能对建筑物进行集体供暖的方法，最早是在电能比较充裕的工业化国家发展起来的。我国过去由于电力资源不足，很难采用并推行电能取暖。近年来，随着我国经济的不断发展，电力生产得到极大的提高，电力供应也逐渐变成了供大于求。随着人们生活水平的提高，对电力的需求也在逐步增多，尤其是电力曲线呈现明显的冬低夏高的状况，因此电力部门相继出台了鼓励冬季用电的政策[6]。在国家加大了对环境污染治理力度的同时，电力这一清洁能源的优越性也随之被认同并加以广泛利用。

▲ 第六节 电采暖技术应用实例

利用电能对建筑物进行集体供暖的方法，最早是在电能比较充裕的工业化国家发展起来的。我国过去由于电力资源不足，很难采用并推行电能取暖。近年来，随着我国经济的不断发展，电力生产得到极大的提高，电力供应也逐步变成了供大于求。

新疆属于冬季严寒地区，冬季供暖是每个居民都非常关心的问题。新疆地区以往一直采用热电厂集中供暖的方式。由于热电厂供暖对环境造成的污染比较严重，且热量传输过程中损耗较大，一次投资、维护费用高，人们开始探索研究新的采暖技术[7]。本节选取新疆地区典型的电采暖应用案例，对三种不同的采暖方式（直接电热采暖方式、间接电热采暖方式、蓄热式采暖方式）进行对比，分析电采暖应用中的实际效益。

一、直接电热采暖方式典型案例分析

（一）实例背景

案例 1：某小学总建筑面积 2945.23m²，该建筑由原水暖系统，改造成直接电热电采暖方式，产品采用非储热式电暖器——碳纤维电暖器。

案例 2：某公司综合楼建筑面积约 2780m²，该项目采用电热板进行采暖。

（二）方案设计

该小学教学楼属于间歇使用型建筑，采用直接电热电采暖方式——碳纤维电暖器供暖，可实现快速升温，灵活控制温度。采暖季运行费用为 19.58 元/m²。

新疆乌鲁木齐市德安环保有限公司综合楼建筑属于间歇使用型建筑，采用电热板利用其启动加热速度快、控制灵活的优点。该建筑室内平均采暖温度为 11.7℃，整个采暖季单位面积采暖费用修正到 20℃为 23.76 元/m²。

（三）综合效益分析

1. 经济效益

对比案例 1 和案例 2 可知，采用直接电热采暖方式与电热板供暖相比，两者的电暖器运行费用均比较接近集中供热，由于该小学在学生寒假期间只保持防冻温度，所以采暖费用比乌鲁木齐市德安环保有限公司略低一些。

2. 社会效益

在我国的黑龙江、新疆等高寒地带有了较为广泛应用的直接电采暖为实例。

直接电采暖的第一个好处在于可以利用电开关简单方便地对室内温度进行控制，并且加热迅速，可以达到 100%的热量利用率；直接电采暖的第二个好处在于可以内置温度控制芯片，从而形成带有温控效果的自动功能装置，不仅可以满足室内加热的即时需求，同时也能做到按需智能采暖。直接电采暖除了上述制热效率高、可控性能良好的技术优点，同时也具备布线隐蔽、安装简便、节约室内空间等其他优点[8]。

二、间接电热采暖方式典型案例分析

（一）实例背景

案例 1：某电热采暖项目总建筑面积 84 560m²，共有 54 栋楼房，其中 53 栋为居住建筑，1 栋为办公建筑。每栋楼共 3 层，分 4 个单元，每栋楼有 12 户。

案例 2：某项目是一栋十八层学生宿舍楼，总采暖面积 16 792m²，热指标 50W/m²。

案例 3：总建筑面积 5862.3m²，热指标 32W/m²，计算热负荷 187.6kW。

（二）方案设计

案例 1 中电采暖项目地处南山风景区，冬季寒冷，其使用的是发热电缆，铺设功率为 90W/m²，总铺设功率为 7610.4kW。采暖费用为 23.70 元/m²。

案例 2 中电采暖项目使用的是发热电缆，线功率为 18.5W/m。实际铺设总功率为 973.59kW，单位面积铺设功率为 57.98W/m²。单位面积采暖费用为 32.46 元/m²。

案例 3 中电采暖项目采用发热电缆采暖，室内最大采暖功率为 459.9kW，单位面积铺设功率为 78.45W。采暖季运行费用为 13.43 元/m²。

（三）综合效益

1. 经济效益

从案例 1 和案例 2 可知，两案例单位面积采暖费用均高于当地水暖标准（22 元/m²）。方案 1 中的地区，环境温度平均低于市区 2～3℃。根据室外温度对耗电量影响的统计数据，2～3℃可以使采暖费用上升 10%左右。故单位面积采暖费用明显偏高。通过现场勘查分析，该电采暖项目采暖费用高的原因主要有：

（1）由于该建筑尚处于第 1 个采暖季，楼梯比较潮湿，因此费用偏高。

（2）该建筑多处有漏风现象，由于管道插座处漏风较为严重，造成很大的冷风渗透负荷。

2. 社会效益

相对于直接电采暖，在非高寒地带还有一种应用较为广泛的电采暖方式，即间接电采暖。间接电采暖的制热效果不如直接电采暖，因此无法在高寒地带采用，但是由于其使用过程中的经济性，在我国河南、河北等中部非高寒地带仍有较为广泛的实例应用。

间接电采暖技术的缓慢加热可以给用户带来一种舒适的感觉，但是这种采暖方式不如直接电采暖的热量利用率高，即使利用楼板的保温层进行保温处理，也会有部分热量会产生消耗和转移，供热采暖难以达到让人满意的效果[9]。同时，间接电采暖需要占用楼层一定的高度空间才能完成安装，这也在一定程度上间接增加了建筑装修的成本。因此，在技术和经济的层面上来考虑，间接电采暖依然无法完全替代直接电采暖的供热方式。

▌ 三、蓄热式电采暖方式典型案例分析

1. 实例背景

甲小学教学楼位于天山区黑甲山居民住宅区，该楼共计 5 层，实心砖墙，外墙苯板保温，总建筑面积为 3059.04m²。

2. 方案设计

该楼采用蓄式电采暖方式，采暖季运行费用为 14.55 元/m²。

3. 综合效益分析

由案例可以看出，甲小学单位面积采暖费用明显低于当地采暖费用标准。与其他采暖方式案例相比，该采暖方式在运行费用上具有明显优势。

该项目由于采用了蓄热式电采暖器——电热采暖器供暖，具有良好的蓄热性能，可以实现晚上加热白天使用的效果，谷电使用率达到了 90.09%，其加权平均电价为 0.323 元，低于其他工程，节省了运行费用。

蓄热式电采暖也是一种应用较为广泛的电采暖方式，其实例应用于北京等经济发达城市。在我国的北京等经济发达城市已经开始实行阶梯电价的供电制度，这些城市的夜间的电网低谷时段也已经开始提供低价电能，夜间电价最低的时段每千瓦时电不超过 0.3 元，因此，在这些城市应用蓄热式电采暖方式具有较高的经济性优势。[10]

蓄热式采电采暖方式能够在较短的时间内（6～8h）完成电能到热能的转换并将热能储存起来，其工作原理是利用具备高温耐性的发热电元件进行发热，对具有高比热容的电磁蓄热砖进行加热，然后利用导热低、高温耐性好的保温材料将热量储存，最后再根据住户的需求将储存的热量释放到室内空气中。这种电采暖方式的好处是每天只需 6～8h 就可以实现室内 24h 的全天供暖，同时还能利用电网峰谷电差价错峰用电，从而达到降低电费的目的。[11]

综上所述，就目前三种主要的电采暖方式的应用实例分析来看，各个地方应该根据自身的自然及经济环境，因地制宜，选择适合本地的电采暖方式，以到达最优的经济及社会效益。据目前形势而言，直接电采暖方式和蓄热式电采暖方式在我国具有更为明显的发展优势，应该成为电采暖发展的主要方式，同时还应有意识地控制间接电采暖方式的发展。

参 考 文 献

[1] 谈小灵. 浅谈电采暖技术的优越性 [J]. 煤炭工程，2006，08：64-65.

[2] 刘靖，罗兴. 电采暖应用及经济性分析 [J]. 大众用电，2005，01：16-17.

[3] 林坤平，张寅平，狄洪发，等. 定形相变材料蓄热地板电采暖系统热性能 [J]. 清华大学学报（自然科学版），2004，12：1618-1621.

[4] 何希庆，王周选，李晓江，等. 电采暖水源热泵等采暖系统的运行效果分析 [J]. 电力需求侧管理，2012，03：28-32.

[5] 王振铭. 对电采暖应进行全面的科学论证 [J]. 节能与环保，2001，02：7-10.

[6] 袁新润，吴亮，张剑，等. 天津电能替代形势与电采暖经济性分析 [J]. 电力需求侧管理，2015，05：24-29.

[7] 熊建，李义岩，柳立慧，等. 新疆电采暖市场现状 [J]. 新疆电力技术，2013，02：69-70.

[8] 摆志俊，李义岩，柳立慧，等. 电采暖技术在新疆地区的典型应用案例分析 [J]. 新疆电力技术，2013，01：71-72.

[9] 王涌，柳立慧，李义岩. 电采暖不同模式运行效果对比分析 [J]. 新疆电力技术，2012，04：82-83，89.

[10] 杜京武，张福进，钱进良，等. 高寒地区电采暖供热技术现状 [J]. 黑龙江电力，2002，03：192-195.

[11] 李光复，李庆繁，高娉婷. 科学有序地推行民用建筑电采暖 [J]. 电力需求侧管理，2002，05：47-48，62.

第八章

电 窑 炉

在工业生产中，利用燃料燃烧产生的热量或将电能转化为热能，从而实现对工件或者物料进行熔炼、加热、烘干、烧结、裂解和蒸馏等各种加工工艺所用的热工设备称为窑炉。按照燃用燃料种类的不同可以把窑炉分为煤窑炉、油窑炉、天然气窑炉、煤气窑炉、电窑炉等。而随着使用化石燃料的传统窑炉热效率低、耗能大并且污染严重等问题的日益突出，以电为替代能源的电窑炉在近些年得到了快速的发展。本章将详细介绍电窑炉的特点以及应用，分析其在能源替代领域的发展。

▲ 第一节 电窑炉节能原理

一、电窑炉的工作原理

电窑炉按电能转变为热能方式，一般有直接加热和间接加热两种类型，直接加热型如电阻炉、电弧炉等，间接加热型如感应炉等。

采用直接加热方式的电窑炉在工作时，电流由电极导入炉内。借炉料本身的电阻和电极间产生的电弧火花的形式转化为热能。使炉料熔化，并进行化学反应。一般窑内电路可以简化为感抗一定、电阻可变的动态电路，如图 8-1 所示。

直接加热型电窑炉每相负荷是一个感抗一定而电阻可变的回路。当电窑炉设备已定、电压等级已定时，变压器及短网的感抗基本上为一常数。可变部分只是操作电阻，操作电阻在目前原料配量一定的情况下，只能用升降电极来调整。但又应保持电极在炉料内的一定插入深度，以保证热能在炉料区及熔池区的合理分配。通过提高操作电阻的大小，可以提高电窑炉的热效率。但提高操作电阻，要采取适当的措施，否则，势必造成电极的插入深度过浅，导致单位电耗升高。

间接加热型电窑炉一般为感应加热，根据电磁感应原理，对线圈通入交变电流就会产生相同频率的交变磁场。利用交流电对金属工件进行感应加热的工作原理可利用图 8-2 说明。A 为负载线圈，B 为被加热工件，如果对线圈 A 通入一定频率的交变电流 i_1，就会在其周围产生相同频率的交变磁场，所产生的磁力线将穿过线圈内部的被加热工件，在其内部产生涡流 i_2，因为工件有一定的电阻，所以工件被加热融化。在感应加热中感应圈和被加热工件不直接接触，是利用磁场将能量传递给被加热的金属工件的，并在金属内部转化为热能[1]。因此电能传递过程中不存在能量损耗。

二、电窑炉的节能特性

通过对电窑炉工作原理的分析，同传统的燃料炉相比，电窑炉的节能特性主要体现在以下几个方面：

（1）热效率高，能耗少。在窑内传热方式上，传统的燃料窑炉主要通过燃烧产物的气体辐射传热和强制对流传热，而电窑炉主要是利用电热体的固体辐射传热及自然对流传热。传热方式的不同，决定了电窑炉具有更高的热传导率、更小的能耗。此外，由于电窑炉可以直接或间接加热制品，不需要燃烧烟气作为传热介质。所以没有排除废气所造成的热损失，加热空间紧凑，空间内的热强度高，从而进一步提升了窑炉的热效率。

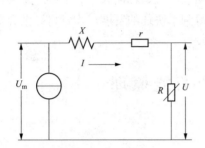

图 8-1　电窑炉内部电路图

U_m—变压器二次相电压；X—电气设备的感抗；

r—电气设备的电阻；I—电极电流；

U—入炉有效相电压；R—操作电阻

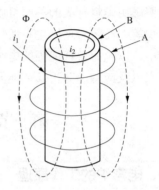

图 8-2　感应加热原理图

（2）加热温度容易控制，加热均匀。由于电窑炉通过电热体的固体辐射传热及自然对流传热，所以电窑炉不需要加热冷空气，炉内气氛容易控制，甚至可抽成真空，燃烧后不会出现烟气，窑炉内的气氛比较洁净，窑内制品不会受到烟气及灰渣等因素的影响。同时窑内的温度可以进行非常准确的控制，同一截面内窑炉的温度分布均匀，用电窑炉相对于传统的燃料炉温度波动范围小、产品的质量好、合格率高，特别是在烧制烧结温度范围狭窄的制品时，容易满足各种烧成制度的要求。而传统的燃料炉在进行工作时，熔炼过程中炉内的化学成分和温度波动较大，容易造成合金元素和硅烧损严重，产品的质量低。

（3）容易实现机械化和自动化。电窑炉的设备通常都是成套的，包括电窑炉体、电力设备（电窑炉变压器、整流器、变频器等）、开闭器、附属辅助电器（阻流器、补偿电容等）、真空设备、检测控制仪表（电工仪表、热工仪表等）、自动调节系统、窑炉用机械设备（进出料机械、窑炉体倾转装置等）。整套的自动控制系统通过电子程序调控煅烧过程，保证物料能够均匀地加热到符合工艺要求的炉温，并且使加热过程在最适合的"空燃比"下进行，实现热能的最佳利用。同时由于对温度的精准控制，所以可以大大缩短熔炼的时间。这些都是传统的燃料炉不可能达到的，也是人工操作难以实现的。

（4）设备简单。电窑炉不需要燃料室、管道、排风机和烟囱，不用燃烧堆及窑渣堆场，电窑炉本身的占用场地小，减小了人工及厂房的面积，节省了设备投资。同时，窑炉没有较高温度的局部燃烧部分（燃烧室），也不会因炉灰的影响而损坏炉衬，而且耐火材料的寿命较长，炉衬结构简单。在耐火层及保温层损坏时修理方便，维护费用低廉。

第二节　电窑炉特点及使用范围

电窑炉具有热效率高、产品质量高、设备简单、占地面积小、操作简单、环境清洁、附属电器设备比较复杂、购置费用和维护费用较高的特点。不同种类的电窑炉具有各自不同的特性，因此也决定着它们不同的使用范围。

一、电窑炉的分类

电窑炉可以大致分为电阻炉、感应炉、电弧炉、电子束炉、等离子炉等几种类型。电阻炉根据操作方式可以分为间歇式操作的电阻炉，如箱式电阻炉、井式（立式）电阻炉；半连续式操作的电阻炉，如钟罩式电阻炉、台车式电阻炉；连续式操作的电阻炉，如窑车式电热隧道窑、推板式电热隧道窑、辊底式电热隧道窑、传送带式电阻炉、链式电阻炉。感应炉可以分为感应加热炉和感应熔炼炉。电窑炉的分类如图 8-3 所示。

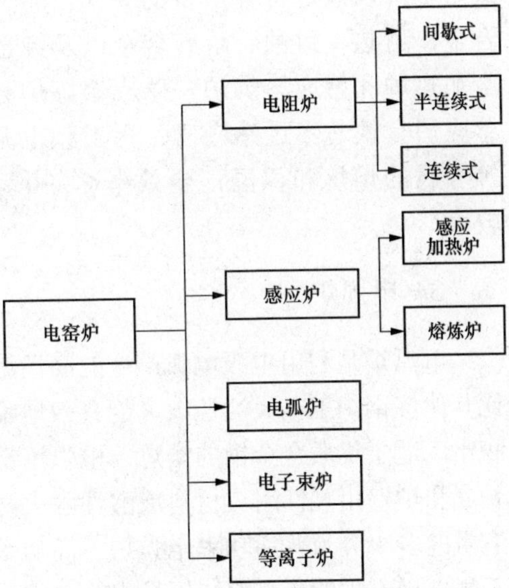

图 8-3　电窑炉的分类图

二、电窑炉使用范围

1. 电阻炉

电阻炉是以电流通过导体所产生的焦耳热为热源的电炉。电阻炉以电为热源，通过电热元件将电能转化为热能，在炉内对金属进行加热。电阻炉和火焰比，热效率高，可达 50%～80%，炉内温度和压力容易控制，劳动条件好，炉体寿命长，适用于要求较严格的工件的加热。

在直接加热电阻炉中，电流直接通过物料，因为电热功率集中在物料本身，所以物料加热很快，适用于要求快速加热的工艺，例如锻造坯料的加热。这种电阻炉可以把物料加热到很高的温度，例如碳素材料石墨化电炉，能把物料加热到超过 2500℃。直接加热电阻炉也可作成真空电阻加热炉或通保护气体电阻加热炉，在粉末冶金中，常用于烧结钨、钽、铌等制品。

2. 感应炉

感应炉是利用物料的感应电热效应而使物料加热或熔化的电炉。在感应炉中的交变电磁场作用下物料内部产生涡流，从而达到加热或者熔化的效果。在这种交变磁场的搅拌作用下，炉中材质的成分和温度均较均匀，锻造加热温度可达 1250℃，熔炼温度可达 1650℃。感应炉采用的交流电源通常有工频（50Hz 或 60Hz）、中频（150～10 000Hz）和高频（大于 10 000Hz）3 种。工频感应炉主要作为熔化炉来冶炼灰口铸铁、可锻铸铁、球墨铸铁和合金铸铁。中频感应炉适用于冶炼优质钢与合金。感应炉的主要部件有感应器、炉体、电源、电容和控制系统等。感应炉加热迅速，温度高，操作控制方便，物料在加热过程中受污染少，能保证产品的质量。主要用于熔炼特种高温材料，也可作为由熔体生长单晶的加热和控制设备。

感应炉除了能在大气中加热或熔炼外，还能在真空和氩、氖等保护气氛中加热或熔炼，以满足特殊质量的要求。感应炉在透热或熔炼软磁合金，高阻合金，铂族合金，耐热、耐蚀、耐磨合金以及纯金属方面具有突出的优点。感应炉通常分为感应加热炉和感应熔炼炉。感应熔炼炉分为有芯感应炉和无芯感应炉两类。其中有芯感应炉有铁芯穿过感应器，用工频电源供电，主要用于各种铸铁、黄铜、青铜、锌等金属的熔炼和保温，电效率达 90%以上，能利用废炉料，熔炼成本低，炉容量较大。

3. 电弧炉

电弧炉是利用电极电弧产生的高温熔炼矿石和金属的电炉。对于熔炼金属，电弧炉比其他炼钢炉工艺灵活性大，能有效地除去硫、磷等杂质，炉温容易控制，设备占地面积小，适于优质合金钢的熔炼。电弧炼钢炉的炉体由炉盖、炉门、出钢槽和炉身组成，炉底和炉壁用碱性耐火材料或酸性耐火材料砌筑。电弧炼钢炉按每吨炉容量所配变压器容量的多少分为普通功率电弧炉、高功率电弧炉和超高功率电弧炉。电弧炉炼钢是通过石墨电极产生的电弧向炼钢炉内输入能量，电极放电形成电弧时能量很集中，弧区温度在 3000℃以上，如此高的温度能使炉内的炉料快速熔化。电弧炉以电能为热源，可调整炉内气氛，对于冶炼合金钢非常有利。

随着电弧炉设备的改进、冶炼技术的提高及电力工业的发展，电弧炉炼钢的成本不断下降，现在电弧炉炼钢不但用于生产合金钢，而且大量用来生产普通碳素钢。

4. 电子束炉

电子束炉是利用电子束来熔炼的一种特殊的真空冶金电炉。利用炉中的电子枪可将几十至数百千瓦的高能电子束聚焦在 $1cm^2$ 左右的焦点上，产生 3500℃以上的高温。当高能电子束聚焦在欲熔炼的钨、钼、钽、铌、锆等难熔金属原料上时，就能够将这些金属熔化，达到熔炼或提纯的目的。

电子束炉常用来熔炼难熔金属、合金及其化合物和复合材料，由于这些材料独特的高熔点以及其他一些特有的性能，所以电子束炉在国防军工、航空航天、电子信息、核工业等领域应用广泛。

5. 等离子炉

等离子炉是利用气体电离所产生的等离子体的能量进行加热的一种电炉。气体电离产生等离子体，是物质第四态。等离子体由正离子、负离子和自由电子以及中性分子组成。其中正离子所带正电荷的总量，与自由电子及负离子所带负电荷的总量相等。就气体电离来说，普通电弧炉中电弧也是等离子体，不过其电离程度较低而已。等离子炉是在普通电弧炉的基础上发展起来的，可以认为是普通电弧炉的改进和强化。两者都利用等离子体产生热量，并且产生等离子体的原理都是气体自激弧光放电效应。但是产生的等离子体结构有差异，主要差异是等离子炉内产生的等离子体是等离子束，它是用空心电极强制产生的喷流流束，它的温度较高，刚性较好，并且对物料有保护作用，可以大幅度改善物料熔炼效果。

等离子炉具有温度高（高于真空电弧炉，特殊条件下可达 10 000℃以上）、氩气保护以及熔炼质量好等技术优势。在提取冶金中，等离子炉可用于锆英石（$ZrSiO_4$）、硫化钼（MoS_2）等难熔矿石的热分解，钛铁矿与其他铁矿石的还原，金属钛的制取，由高熔点金属氧化物（WO_3、MoO_3、Nb_2O_5 等）与金属卤化物（$TiCl_4$、$ZrCl_4$、WCl_5 等）制取高纯超细金属粉末的还原冶炼。此外，等离子炉已用于钛、钼、钨等难熔与活泼金属的熔化和精炼，以及耐热钢、耐蚀钢、高强度钢等优质合金钢的熔炼[2]。

▲ 第三节 电窑炉成本分析

▌一、电窑炉的主要成本

电窑炉主要的成本可以分为三大部分，初期投资成本、生产运行成本和运行附加成本。其中，生成运行成本占据了相当大的部分，是其主要的开支。

1. 初期投资成本

初期投资成本一般包括电窑炉本身的投资费用及其配套系统，如配料系统、驱动系统和余热利用系统等的费用。以同样规模的电窑炉和火焰炉相比，同样用于同种工件、同种温度的炉子，火焰炉炉体、炉门都比电窑炉大，原因是火焰炉火焰与工件要有一定空间。这样从整个窑体用料、保温材料用料、驱动系统进行选择分析，火焰炉比电窑炉成本要高。另外，火焰炉还要设置排烟系统，这又给火焰炉增加一部分成本。从发热元件上考虑，电窑炉只是电热元件的成本，目前用于火焰炉的烧嘴和燃烧机，价格也普遍偏高，因此火焰炉的发热元件成本也比电阻炉的高。

综上，前期投资建设窑炉，电窑炉的成本要比火焰炉低[3]。

2. 生产运行成本

生产运行成本主要包括窑炉的电耗费用、窑炉的耐火材料消耗费用及人工工资支出费用。窑炉的电耗费用是很大的，包括窑炉耗电的各种风机（助燃空气风机、冷却风机、排烟风机等）、装料机械（或炉料输送机械）等的电耗，它们或与窑炉装料量（如装料机械或炉料输送机械的电耗）直接有关，或与窑炉装料量（如助燃空气风机、冷却风机、排烟风机电耗等）间接有关。虽然电窑炉热效率比火焰炉要高，但产生等量热值的成本还是电窑炉的更高。虽然电窑炉的电耗费用较高，但由于其操作简单、自动化程度高、运行稳定的特点，大大减少了人工工资支出费用。

3. 运行附加成本

运行附加成本主要是指环保成本、维护成本和废品成本。环保成本主要是污染物（SO_2、NO_x 和 CO_2、烟尘、污水等）的排放及处理所需支付的费用。在环保要求日益严格的情况下，窑炉的环保工作将是窑炉管理的重要内容之一，环保费用支出将占越来越大的比重。而电窑炉凭借其清洁环保的特性大大减少了此部分的开支。维护成本和废品成本直接受窑炉生产情况的影响，而电窑炉稳定性高、维护简便、良品率高等优点，使其维护成本和废品成本比火焰窑炉优势明显。

二、电窑炉的成本分析实例

下面通过分析电窑炉的运行实例，详细说明电窑炉各种成本的开支明细及其与火焰炉对比的成本优势。

采用 2 台 3t 火焰炉交替生产，用焦炭作为燃料将铁熔化成铁水进行浇注，电力主要用于火焰炉的风机，电力依赖性高，遇到停电需要较长时间恢复生产，正常设备检修频繁，1 天生产 1 次，次日安排检修，1 次维修费用 500 元，年检修费用 15 万元，每班生产安排 8～10 人，年人工工资 36 万元。按正常生产设备运行每天能熔铁 25t，每熔 1t 铁需要消耗 87kg 的焦炭和 105kW·h 的电能。这样年均耗电量为 77 万 kW·h，缴纳电费 61.6 万元。消耗焦炭 900t，焦炭市场均价按 1500 元/t 计算，花费 135 万元，年均总用能费用 196.6 万元。

采用电窑炉后，由于电窑炉具有稳定性高、操作简便、用工少、维护简便、维护费用低等突出优点，年维护费用可减少 11.5 万元；维护工人从 10 人减少到 3 人，工资支出每年可减少 26 万元；但每熔 1t 的铁需要消耗 301kW·h 的电能，这样年均耗电 274.7 万 kW·h，缴纳电费 211 万元。

表 8-1　　　　　　　　　　　不同窑炉运行成本比较

窑炉类型	初期投资（万元）	年检费用（万元）	年人工（万元）	年耗能（万元）
火焰炉	120	15	36	196.6
电窑炉	100	3.5	10	211

按照运行 15 年计算，火焰炉年平均运行费用为

$$[120+(15+36+196.6)\times15]\div15=255.6（万元）$$

电窑炉年平均运行费用为

$$[100+(3.5+10+211)\times15]\div15=231.1（万元）$$

经分析计算，电窑炉的年平均运行费用要比火焰炉的小，这还是在没有考虑电窑炉废品率更低以及环保成本更少的情况下得出的结论，如果把综合因素都考虑在内，电窑炉经济优势会更加明显。

▲ 第四节　电窑炉评价指标体系

在电窑炉改造项目评价过程中，存在窑炉节能改造在技术上是否可行、在经济上是否可观、是否能达到环保要求以及是否符合国家节能政策等问题。但目前还未有一套成熟完整的电窑炉评价指标体系，本节将从技术、经济、环保、政策四个方面来建立一套电窑炉的评价指标体系，目的是依据电窑炉的节能改造的状况，综合分析评价系统的情况，对电窑炉改造效果的整体评价工作做一次探索性的研究与实践，同时可以为相关行业的综合评价提供思路上统一的标准和基础。图 8-4 所示为电窑炉评价体系图。

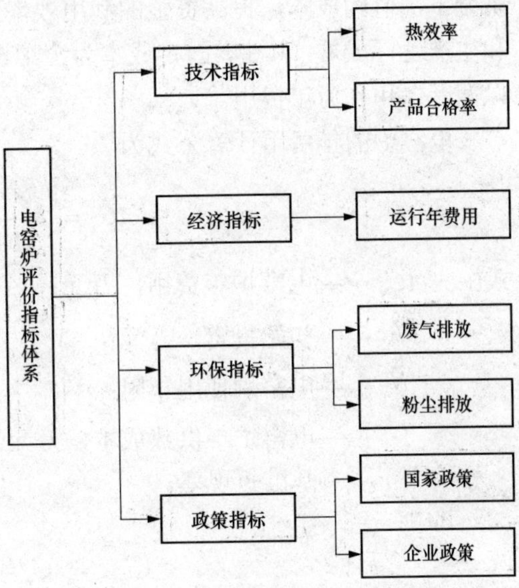

图 8-4　电窑炉评价指标体系图

一、技术指标

技术指标的评价主要从能源利用率，以及产品的合格率两个方面进行分析。能源利用率可以用窑炉的热效率值来表示。

1. 热效率

电窑炉的热效率是指工件或者物料加热时吸收的有效热量与供入炉内的热量之比，体现了能源的利用率，是重要的技术评价指标。其计算公式为

$$\eta = \frac{Q_y}{Q_g} \times 100\% = \left(1 - \frac{Q_s}{Q_g}\right) \times 100\% \qquad (8\text{-}1)$$

式中　Q_y——工件或者物料吸收的有效热；

Q_g——供入炉内的热量；

Q_s——各项热损失之和。

2. 产品合格率

产品合格率是指在一批产品出来后，检测到的合格产品占产品总数的百分比，即

$$Q = \frac{A}{B} \times 100\% \qquad (8\text{-}2)$$

式中　Q——产品合格率；

A——合格产品数；

B——产品总数。

不同种类的窑炉产品合格率也各不相同，产品的合格率与烧成窑炉的操作和烧成气

氛，烧成火焰的性质、温度、时间，燃料的种类等息息相关，产品合格率越高，生产成本越小，越能说明设备的先进性与稳定性[4]。

二、经济指标

经济指标的评价是项目评价的核心内容之一。经济指标评价的目的是在考虑有限的资金下，节约成本，提高资金的利用效率。利用经济分析方法，计算窑炉设备固定成本和生产运行成本，其中，固定成本为窑炉设备初始投资，生产运行成本为窑炉能耗费用，以两者之和作为年费用[5]。

电窑炉的年费用计算公式为

$$AC_y = \frac{I_y \times r \times (1+r)^{N_y}}{(1+r)^{N_y} - 1} + C_y \tag{8-3}$$

式中　　AC_y——电窑炉年费用，万元；

I_y——初始投资，万元；

N_y——电窑炉使用年限；

C_y——电窑炉年供热成本，万元；

r——基准折现率。

其中：

$$C_y = Q_y \times P_y \tag{8-4}$$

$$Q_y = \frac{H}{S_y \times \eta_y} \times D \tag{8-5}$$

式中　　Q_y——电窑炉年耗电量，kW·h；

P_y——电价，元/（kW·h）；

H——单个窑炉日散热量，kJ；

D——窑炉工作天数；

S_y——电能热值，kJ/（kW·h）；

η_y——电窑炉效率。

三、环保指标

电窑炉的环保指标用于考核其在生产过程中对环境造成的影响。窑炉在生产工作工程中涉及的污染物排放有 SO_2、CO_2、NO_x、CO、粉尘颗粒等，这些污染物对大气环境造成了巨大的破坏。而窑炉的类型、结构、材料的不同会导致烧成工序的燃烧方式和燃料种类不一样，进而导致排放的污染物有所区别。因此，环保指标是项目评价的重要指标，主要包括废气排放和粉尘排放两个方面。

1. 废气排放

电窑炉在生产中产生的主要废气有 SO_2、CO_2、NO_x，SO_2 和 NO_x 的排放是造成大气污染和产生酸雨的主要原因之一。酸雨不仅直接危害动、植物及人类的健康，而且还会对整个社会经济造成重大的损失，如酸雨会增加土壤酸度，对建筑物和桥梁等造成腐蚀。随着温室效应的增强，全球气温逐渐升高，引起了世界各地的重视。引起温室效应的工业排放物主要是 CO_2。

2. 粉尘排放

在整个电窑炉应用过程中，不仅在原料、辅料以及煤炭的运输过程中，而且在粉碎、筛分、配料、成型、干燥、修坯以及烧制等整个生产过程中，都会产生颗粒物污染。其中，生产过程中产生的粉尘是颗粒物的主要来源。

四、政策指标

政策指标主要用于考核国家和企业的相关规定对于整体项目的影响大小。为了提高能源利用率、控制能源消耗和减少污染物排放，国家制定了一系列政策。这些政策对于加大节能新技术、新工艺、新设备和新材料的研发和推广，调整高耗能工业产品结构，加快节能技术改造有着重要的推动作用。除了国家政策的影响，企业往往也会根据国家政策做出相应的规定，这些对项目改造都有着重要的意义。

1. 国家政策

国家为推动节能环保工作，制定并实施了一系列财政奖励政策，财政奖励政策激励企业进行节能技改。根据企业技改后获得的节能效益，中央财政按一定的奖励标准对企业进行财政奖励。国家财政奖励政策奖励力度大，奖励方式多样，并设定了一定的奖励门槛和要求。只有符合奖励标准的企业才能申请到相应的资金奖励。这部分奖励资金极大地提高了企业技改的积极性，起到很好的激励作用。

2. 企业政策

企业自身的节能环保意识受到国家政策的影响，引导企业进行加大节能技改力度，并为企业节能措施提供有力保障。企业进行一项节能技术的改造，需要企业领导层的重视和支持，企业需要为节能技术改造措施制定节能环保政策。节能环保政策对节能的开展具有极大的支持作用。这些作用的主要表现为提供设备改造和技改的经费支出、支持节能技术研究与项目的开发、设置节能奖励专项资金以生产设备故障维修与升级等。

▲ 第五节 电窑炉应用实例

一、实例背景

江苏某钢铁公司第一轧钢和第二轧钢车间年产轧钢 80 万 t，两个车间共有直径为 3200mm 煤气发生炉 4 台、2 台煤气加热炉，用户轧制工序中对钢坯加热，使用煤炭作为能源。存在的问题主要是煤气发生炉热效率低、能耗高、污染大，属于国家淘汰类的设备，出于企业自身节能需求以及政府环保要求，需要进行技术改造[6]。

二、方案设计

本次技术改造采用感应加热炉代替煤气加热炉的方案，感应加热技术加热速度快、功率密度可控、无污染、易于控制、氧化烧损极少等优点完全满足方案改造的要求。

具体的技术方案是将第一轧钢车间使用的2台直径3200mm煤气发生炉和1台加热炉淘汰，第二轧钢车间使用的2台直径3200mm煤气发生炉和1台加热炉淘汰，分别采用2套感应加热炉，对连铸坯进行在线提温和均温加热，温度为1050～1100℃，建设配套的冷却水系统和电器控制系统为了改善连铸坯在轧制工程中的温度特性，提高轧制的性能，采用PLC控制，根据进坯温度可调节电流电压参数。其中加热钢坯尺寸为6000mm×150mm×150mm。

三、综合效益分析

1. 项目的经济效益

改造前全年消耗煤量为18 720t，消耗电力6060万kW·h，煤气发生炉及其加热炉年除尘脱硫的环保费用为3150万元，预计成材率及剪切短头减少带来的年经济效益2000万元。同时，总投资2760万元，淘汰的4台煤气发生炉及2台煤气加热炉、2台风机等折现480万元。改造后预计年消耗电力10 290万kW·h。进炉煤价按1060元/t、平均电价按0.67元/kW·h计算，则年节省费用P为

$$P=[(31\ 500\ 000+20\ 000\ 000+18\ 720\times1060+606\ 000\ 000\times0.67)$$
$$-102\ 900\ 000\times0.67]\div10\ 000=240.02（万元）$$

年折旧费用D为

$$D=2280\div20=114（万元）（折旧期为20年）$$

应纳税利润T为

$$T=240.02-114=126.02（万元）$$

净利润E为

$$E=126.02\times75\%=94.52（万元）$$

投资回收期N为

$$N=(2760-480)\div2280\div(2000+94.52+114)=1.03（年）$$

2. 项目的环境效益

根据污染物排放系数计算方法，可得燃烧1t煤炭各污染物排放系数，具体数据详见表8-2。

表 8-2　　　　　　　　　　　大气污染物排放系数

污染物	排放系数	污染物	排放系数
氮氧化物	0.0076	烟尘	0.010
二氧化硫	0.0240		

因此，将年耗煤量乘上各种大气污染物的排放系数，可以得到改造后，年减少当地污染物排放量：氮氧化物 142.3t、二氧化硫 449.3t、烟尘 187.2t。

综上所述，该项目在经济和环保层面的利益都是可行的，并且可以将该项目的成功经验推广到整个钢铁行业，特别是有国家淘汰或者能耗很高的使用煤气发生炉的钢铁冶炼、轧制企业。

参 考 文 献

[1] 汪有才. 中频感应电炉能耗与节能原理分析 [J]. 信息化建设，2016 (2).

[2] 周军，王冬，方异锋. 基于大批量生产条件下的冲天炉与电炉熔炼的综合分析 [C]. 2012. 2012.

[3] 蔡震，李绚丽，吕理想. 电加热炉在"以电代煤"工程中的应用及效益分析 [J]. 电力需求侧管理，2014 (4)：41-43.

[4] 龚树丰. 陶瓷窑炉改造综合评价指标体系的研究与应用 [D]. 中南大学，2013.

[5] 韦加雄，马治宝，黄石，等. "以电代煤"在窑炉生产中的经济环境效益分析 [J]. 华北电力技术，2016 (3).

[6] 电能替代和节能技术典型案例集 [M]. 北京：中国电力出版社，2014.

第九章

其他电能替代技术

随着人民生活水平的提高，家用能源的方式也日趋多样化。目前国内大部分家庭使用的能源种类主要有电能、天然气、液化气、管道煤气等，一般的家庭都存在多种能源共同使用的情况。无论是煤气、液化石油气还是天然气，燃烧后均会向大气中排放污染物，造成大气污染，同时明火煮食、取暖等容易引起火灾，给生命财产带来威胁。相比天然气等一次能源，电能属于二次能源，居民在家居生活中更多的使用电能，用新型的智能家用电器替代原有的普通家用电器，减少煤气等不可再生能源的使用，将更有利于营造绿色低碳的环境，这也将让家居生活变得更加安全、便捷[1]。

▲ 第一节 电 炊 具

电炊具作为家庭厨房电气化的一个重要组成部分，随着厨房电气化程度日益发展，电炊具正向自动化迈进，各种智能化电炊具越来越多地进入普通消费者家庭，受到了人们的青睐。据相关调查统计，每年全国大约有 2000 万台以上炊具产品投向市场，且销售量年年保持着强劲的增长势头。电炊具的种类很多，主要有微波炉、电磁炉、电压力锅、电烤箱等。本节将重点介绍微波炉和电磁炉这两种家用日常电炊具的原理和特点。

一、技术原理

（一）微波炉

微波炉，顾名思义，就是一种用微波加热食品的现代化烹调灶具。所谓微波，就是一种高频率的电磁波，其本身并不产生热，在宇宙、自然界中到处都有微波，但存在自然界的微波，因为分散不集中，故不能加热食品。

1. 微波炉的重要特性

微波的传播速度等于光速，它在传播过程中能够发生反射和折射，具有三个与加热相关的重要特性[2]。

（1）反射性。微波碰到金属会被反射回来，因此采用经特殊处理的钢板制成内壁，根据微波炉内壁所引起的反射作用，使微波来回穿透食物，加强热效率。但炉内不得使用金属容器，否则会影响加热时间，甚至引起炉内放电打火。

（2）穿透性。微波对一般的陶瓷器、玻璃、耐热塑胶、木器、竹器等具有穿透作用，因此上述为微波烹调用的最佳器皿材料。

（3）吸收性。各类食物可吸收微波，致使食物内的分子经过振荡、摩擦而产生热能。但其对各种食物的渗透程度视其质与量的大小、厚薄等因素有所不同。

日常生活中的微波炉如图 9-1 所示。微波炉的应用改善了烹饪条件，增加了食品的花色品种，使人们的生活、工作、学习更加便利和高效。

2. 微波炉的组成及功能

微波炉的主要构造如图 9-2 所示[3]，微波炉的主要组成部分主要有以下 7 个部分，其对应的具体功能如下[4]。

图 9-1 生活中的微波炉

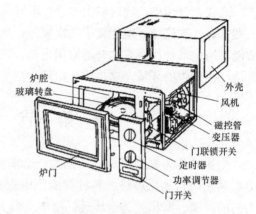

图 9-2 微波炉主要构造

（1）外壳：起到保护与美观作用。

（2）风机：散热作用。

（3）磁控管。其是微波炉的心脏，微波能就是由它产生并发射出来的，它实际上是一个真空金属管。磁控管工作时需要很高的脉动直流阳极电压和约 3～4V 的阴极电压。由高压变压器及高压电容器、高压二极管构成的倍压整流电路为磁控管提供了满足上述要求的工作电压。

（4）变压器。其是给磁控管提供电压的部件。

（5）炉腔。炉腔是一个微波谐振腔，是把微波能变为热能对食品进行加热的地方，由涂复非磁性材料的金属板制成。在炉腔的左侧和顶部均开有通风孔。经波导管输入炉腔内的微波在腔壁内来回反射，每次传播都穿过和经过食物。在设计微波炉时，通常使炉腔的边长为 1/2 微波导波波长的倍数，这样使食物被加热时，腔内能保持谐振，谐振范围适当变宽。

（6）玻璃转盘。转盘安装在炉腔的底部，离炉底有一定的高度，由一只以 5～6r/min 转速的小电动机带动。

（7）炉门：炉门的作用是便于取放食物及观察烹调时的情形，炉门又是构成炉腔的前壁，它是整个微波炉防止微波泄露的一道关卡。

（8）定时器：计时调整加热时间。

（9）功率调节器：选择不同的功率对不同食物进行烹调或解冻。

（10）门开关：通过炉门的开启或者关闭来控制的开关，用于反映炉门的开启或并闭。

（11）门联锁开关：防止在炉门没有关闭的情况下启动微波造成伤害，只有当炉门完全关闭了，微波炉才能正常工作。

3. 微波炉工作原理

微波炉产生的微波本质上是周期性变化的电磁场，在炉内空间建立了变化极快的电磁场。将要烹制的食品放入炉体内时，这些物质内的分子就会被极化。如食物内富含的水分子极化程度随电场的变化而变化，外加电场极性变化得越快，分子被极化得也越快，分子的热运动和相邻分子之间的摩擦作用也就越剧烈。在此过程中即完成了电磁能向内能的转换。当被加热物质放在微波场中时，由磁控管所发生的每秒 20 多亿次的超高频微波快速振荡食物内的蛋白质、脂肪、糖类、水等分子，使分子之间相互碰撞、挤压、摩擦，重新组合，产生的热量足以使食物在很短时间内达到热熟的目的。简而言之，微波炉加热的原理即是靠食物本身内部的摩擦生热原理来烹调。

4. 微波炉特点

微波炉具有煎、煮、炒、烘、烤、炖、蒸、烩、再加热与解冻等多种烹饪方法；热效率高，耗电量少、烹调快，比传统式烹饪节省时间；能保持食物原有之色、香、味与营养成分，能迅速解冻食物，并保持解冻后食物组织的水分与鲜嫩；食物能被均匀加热，可随时供应热食；放在容器内或耐热包装袋内的食物均可用微波炉加热烹调。总而言之，随着人民生活水平的提高和生活节奏的加快，微波炉越来越受到城乡居民的青睐，并日渐成为现代家庭的日用必需品。

（二）电磁炉

电磁炉也称为电磁灶，是利用电磁感应原理制成的电气烹饪电器。图 9-3 所示为人们生活中常见的电磁炉种类之一。众所周知，传统烹调是采用明火烧热铁锅之类的器具，使食物获得足够的热量而变熟。而电磁灶是利用交变磁场与导磁金属炊具的相互作用产生热量使食物变熟。

图 9-3　生活中的电磁炉

1. 电磁炉工作原理

当给电磁炉的台面下的线圈通上变化极快的交变电流时，通过电子线路板组成部分产生交变磁场。当含铁质锅具放置炉面时，锅具切割磁力线，从而在锅体内发生电磁感应现象，产生感生电流。这种电流在锅底内部自成循环闭合回路，即涡流。涡流使铁分子做高速无规则运动，分子互相碰撞、摩擦而产生热能，使器具本身自行高速发热。电磁炉工作原理如图9-4所示。

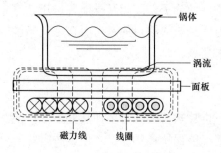

图9-4 电磁炉工作原理

2. 电磁炉优点

电磁炉被称为"烹饪之神"和"绿色炉具"，是现代厨房革命的产物，能完成家庭的绝大多数烹饪任务。它的优点主要有以下几点：

（1）热效率高。涡流热和分子运动的热都直接发生在锅本身，基本上没有能量传递的损耗。效率可达70%~80%，甚至高达83%。电磁炉热效率约比煤气灶高出1倍，一般煤气灶的热效率为40%，电磁炉的热效率为52%。

（2）使用安全可靠。它不产生明火，灶面板不发热，老人、盲人、病人均可使用，不会引起火灾。

（3）清洁卫生。它没有污染，表面平滑、光洁，食物溢到灶面上，不会焦糊，容易擦净。

（4）控温准确。它的功率在300~1200W之间，控温范围为50~200℃。它的热惯性好，断电后马上断流、断磁，停止加热，控温性能好。

（5）质量轻、体积小，使用方便。

（6）加热均匀、烹调迅速、节省电力。

二、商用电磁灶电能替代技术案例

（一）实例背景

某全日制住宿学校，现有296个小学生、92个学前班学生、15个教职工、6个勤杂工，共409人，其中有住校生178人。学校食堂为学生及教职工提供用餐，食堂面积约为200m²，早餐、中餐用餐人数为409人，晚餐用餐人数约为150人。在实施电能替代前，该小学食堂的基本情况如下：

该小学所处的区域无天然气接入，学校食堂使用传统灶具，加热燃料为煤炭。食堂灶具基本配置有800mm大锅灶2台、500mm炒灶1台、500mm汤灶1台。据该校食堂作业人员估计，食堂在做饭过程中使用的灶具燃煤量约为10t/年，按照当地300元/t的煤价计算，年能源费用约为0.3万元。在煤炭搬运、除渣等管理方面支出的年费用约为

2.4 万元，故使用煤炭的燃料成本约为每年 2.7 万元。因为煤炭由当地煤矿无偿提供，所以燃料成本主要为燃料管理及相应人工成本。

由于学校地处山区，煤炭燃烧效率极低，烹饪品质不高，燃烧产生的粉尘多，二氧化碳、一氧化碳、二氧化硫等废气的排放污染学生及教职工的学习和生活环境，影响其身体健康。

考虑到燃煤需要人工参与运行，管理成本较高，同时为了响应市教委"中小学生营养工程"精神，改善学生用餐环境，提高学生餐饮质量，学校进行了电能替代，最终减少了环境污染，也为该小学的学生们提供了更为舒适的生活环境。

（二）方案设计

1. 设备选型

按照为 400 人提供午餐的最大能耗负荷选型。选取 2 台 SG8020K 电磁大锅灶，单台容量为 20kW；1 台 EA4015K 电磁灶，容量为 11L、功率为 15kW；1 台 ES15K 电磁汤灶，容量为 90L、功率为 15kW。

2. 日运行时间

按照该校供餐次数和人数，大锅灶的日工作时间约为 3h，炒灶的日工作时间约为 2h，汤灶的日工作时间约为 1h。

3. 技术方案

该电能替代技术方案是改造学校食堂餐饮加工作业区，不影响学校正常的教学生活。电磁灶为灶台、灶具、电磁加热设备集成式设计，直接安放在相应餐饮作业区，接通电源即可使用。学校食堂可根据学校现有用电量合理安排设备使用时间，错峰用电，无需额外场地和配套设施建设。此外，为了防止停电影响食堂运作，该校自备了一台 50kW 柴油发电机，主要用于断电后保障食堂供电、学生用餐。

4. 项目工期

签订设备采购合同后 2 个月内完成安装调试。

项目实施流程框图如图 9-5 所示。

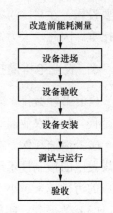

图 9-5 项目实施流程框图

（三）综合效益分析

1. 经济效益

2 台 SG8020K 电磁大锅灶，单台容量为 20kW，每天工作约 3h；1 台 EA4015K 电磁灶，容量为 11L、功率为 15kW，每天工作约 2h；1 台 ES15K 电磁汤灶，容量为 90L、功率为 15kW，每天工作约 1h。按照全年运行约 200 天计算，一年新增售电量为 3.3 万 kW·h，新增售电收入为 1.716 万元。与电能替代前煤炭原料费用和管理费用约 2.7 万元相比，可节约 0.984 万元。

相比项目初始的电磁灶具投资 11.42 万元，静态回收期约为 12 年。

2. 环境效益

按照每千克燃煤产生的污染物量估算，一年可减排二氧化碳 13t、二氧化硫 0.08t、粉尘 0.46t。

总而言之，该小学采用的全电食堂有效降低食堂运行维护燃料成本的同时，为该小学全体师生提供了高效环保、健康卫生的用餐环境，同时也杜绝了食堂运行中产生的燃料燃烧的污染物排放问题，保护了环境，减少了有害气体的排放。

在用电容量有富余的情况下，在非主城区建设全电食堂还是值得推广的。非主城区无管道气供应，而电磁灶的使用有效解决了罐装气和燃油成本高、燃煤管理费用高且污染严重的问题。虽然电磁灶的一次投资略高，但是从长远看，电磁灶运行寿命长，效率衰减远低于传统燃料灶，作业效率高且安全环保，是值得推广的安全替代能源。

▲ 第二节 农业电排灌

实现农村电气化，是加速实现农业的技术改造，是促进我国国民经济继续跃进所采取的重要步骤之一，也是我国电力工业支援农业的光荣任务[5]。随着农业产业结构的调整，农业生产对灌溉的要求产生很大的变化，农业排灌对电能的需求也逐渐增大。普通柴油机已不能满足要求，全面使用电力排灌已成必然。本节将介绍农业电排灌技术的技术原理、优缺点以及具体应用实例。

一、技术原理

农业电排灌以电力驱动水泵替代机械或燃油动力，是农业生产、抗旱、抗洪排涝的重要设施。在旱、涝灾害频发的地带，排涝灌溉在农业上所需的劳动力和费用都占了很大比重。因此，大力发展农业电排灌技术，除了环保以外还具有很大的经济意义。

1. 农业电排灌技术的优点

（1）节能减排。随着"两改一同价"的实施，很多柴油机排灌的农田已被电能排灌所替代。加强农业灌溉电力建设，为排灌全面"以电带油"创造了有利条件。

（2）清洁环保。在农业电排灌过程中，在用电侧实现了无污染、零排放；在发电侧燃煤发电的控制技术逐渐成熟，可再生风能、水能、太阳能发电也正在迅速增加，发电造成的污染越来越小。

（3）效率高。实施"以电代油"，大大增加了能源利用率，减少了能源损耗。在终端使用方面，电能的能源利用效率明显高于一次能源和其他常用的二次能源，对于灌溉，使用电能的效率在 70%以上，而使用柴油机仅在 30%左右。

（4）优化用能结构。使用电能灌溉，提高电能终端消费比重，可有效调整能源消费结构，减少对石油的需求，降低对外依存度，对我国经济的可持续发展有重要意义。

2. 农业电排灌技术的缺点

（1）从设备投资方面考虑，相关农业电排灌设备投入后，需要投入一定的人力、物力进行维护。

（2）从设备经营方面考虑，农业电排灌存在季节性，设备自然损耗大，电价低且收益低，成本回收期长。

二、农业电排灌应用实例

（一）实例背景

河南省某区总面积 1007.22km²，位于中心城区西部，总人口 80 万，下辖 15 个乡（镇、街道办事处）。区内地势平坦、开阔，以浅山丘陵、垄岗和平原三种地表形态为主，地势缓慢倾斜。农作物以小麦、棉花、花生为主。西北山坡岗地，多以林木花果为主，同时种植小麦、玉米、红薯等作物。作为农业大区，农业灌溉是农业生产的头等大事[6]。

在进行农业电排灌替代前，该区农业排灌用能系统单一，多为农业排灌设施和人力打井取水，投入建设期都在 20 世纪 80 年代，建设期早且缺乏维护，部分设施已经不能使用。且替代前该区主要采用柴油机（拖拉机）带水泵灌溉方式，使用 0 号柴油，价格为 0.7 元/L。使用柴油机有着不可避免的缺点：柴油不仅费用较高，使用柴油机过程中产生的排放对环境污染也比较严重。按照常用的农业排灌水泵型号，柴油机一般为 10kW以下，因能效转换方式等原因，直接造成效率较低，电能替代效率不高，自身损耗较大，灌溉范围小。

（二）方案设计

（1）10kV 线路 T 接点，严格按照资产分界点相关要求，新装开关计量台架，组成开关、计量台架，安装真空开关、高压计量装置、高压隔离开关及避雷器。

（2）新增 35 台 50kVA、7 台 80kVA、3 台 100kVA 变压器，变压器采用室内砖砌底座安装，安装高度不低于 2m。配套安装低压综合配电柜并打接地网。

（3）10kV 线路采用柱上断路器，保护方式为速断及过电流保护（电流调整为 100A）。变压器配电室处，打接地极 4 根，环形连接，连接设备不少于 2 处，接地电阻小于 4Ω。

（三）综合效益分析

1. 经济效益

项目初期投资为 2099.3 万元。

　　根据该区的实际情况,以小麦为例,得到的数据为全年灌溉 2 次,10 000m² 地需约 2550m³ 的水,平均 667m² 灌溉 1 次需要 1275m³ 的水,以此为标准进行分析得到的情况如下:

　　按照农业、水利部门提供的数据,1L 柴油平均能抽水 6m³,按照 10 000m² 灌溉 1 次需要 1275m³ 的水,计算出 667m² 灌溉 1 次需要 211.5L 的柴油。按每升柴油 7.07 元计算,所需费用为 1494 元。按照农业、水利部门提供的数据,1kW·h 平均能抽水 5m³,按照 10 000m² 灌溉 1 次需要 1275m³ 的水,计算出 10 000m² 灌溉 1 次需要 255kW·h 的电量,按照农业排灌电价 0.4642 元计算,所需费用为 118.5 元。远小于使用柴油机产生的费用。

　　使用农业电排灌技术之后,河南某市这一区新增的售电量为 117 万 kW·h,换算成相应的电费为 54.624 万元。

2. 环境效益

　　农业电排灌减少了温室气体的排放,平均每年减少的二氧化碳排放量为 678.6t。

　　总而言之,使用电能灌溉,不仅价格便宜,使用方便,灌溉效率较高,还改善了农村灌溉条件,解决了农村灌溉困难,降低了成本,减少了环境污染,促进了我国农业的发展。

▲ 第三节　综合型电能替代技术

　　综合型电能替代是指在电能替代项目实施的过程中,根据项目具体情况,结合两种以上的电能替代技术,降低运行的费用,提高经济效益,从而实现节能减排。

一、技术原理

　　不同的电能替代技术可以有多种组合方式,简要列举几种组合方式如下。

1. 太阳能与水源热泵系统组合

　　太阳能水源热泵复合系统以太阳能与水源热能作为热泵热源的复合热源热泵系统,属于太阳能与水源热能综合利用的一种形式。由于太阳能与水源热源具有很好的互补与匹配性,既可以充分利用太阳能为热水提供热源,又可以通过热泵对废水中的废热进行回收利用,因此,太阳能水源热泵复合系统具有单一太阳能与水源热泵无可比拟的优点,如节约高位能源、减少环境污染等。

2. 太阳能与地源热泵系统组合

　　地源热泵技术是可再生能源利用的主要应用方向之一,利用地热能资源进行冬季供暖与夏季制冷,具有良好的节能与环保效益。太阳能与地源热泵系统能有效利用太阳能与地热能的优势,克服太阳能在夜间或阴雨天不能为建筑物供暖问题,由于可以明确地减少常规能源的消耗,太阳能——地源热泵复合空调系统能同时满足夏季制冷、冬季供暖和全年生活热水要求，大大提高太阳能和地源热泵的利用率，使整个太阳能空调系统有很好的经济性。

3. 地源热泵与蓄能空调系统组合

地源热泵与蓄能空调系统解决了地源热泵技术和蓄能技术各自的局限性，蓄能技术只能应用于夏季空调季，可实现电力的削峰填谷，却无法提供冬季供暖。同样，地源热泵技术虽然可以同时提供冬季供暖和夏季制冷，却无法在夜间电力低谷时段蓄能。采用热泵技术和蓄能技术相结合的方式，便可让两种技术取长补短，使系统具有电力削峰填谷的功能。

4. 新能源与建筑节能技术相结合

其中太阳能空调/热泵系统包含了建筑节能技术、太阳能蓄热技术、太阳能空调制冷采暖、地源热泵技术与蓄能地板采暖技术组合成的能源系统。该系统用在建筑节能方面时，采暖负荷、空调负荷可比普通建筑分别低 40%、28%，满足大楼的采暖与空调要求。

二、综合型电能替代应用实例

以南京某办公综合楼的地源热泵+蓄能空调系统的设计研究[6]为例进行论述。

（一）实例背景

该设计项目为综合性写字楼建筑，位于南京河西新城区。建筑地下 2 层、地上 20 层，地下 1～2 层为停车库（战时为人防掩蔽部），主楼的 1、2 层和辅楼的 1 层均为商业用房，主楼的 3、4 层和辅楼的 2～4 层为餐饮，其他层为办公建筑。地上建筑面积为 49 416m²，地下建筑面积为 21 411m²，总建筑面积为 70 827m²，总用地面积为 13 800m²。

（二）方案设计

该设计项目建筑外围护结构采用外墙外保温系统，干挂石材，内贴 30mm 厚挤塑聚苯板于硅空心砖墙上，外墙传热系数为 0.79W/（m²·K）；外门窗采用断热铝合金型材，中空低辐射玻璃，传热系数为 1.5W/（m²·K）；屋面铺设 40mm 厚挤塑聚苯板，传热系数为 0.61W/（m²·K）。此外，对容易产生热桥的部位作了保温处理，还在立面窗栅上结合了活动式外遮阳技术，有效地阻隔了太阳辐射。

经过排热试验、取热试验对地温影响的研究，考虑到数据的稳定性，并参照国内外的一些桩内及土壤孔内的换热经验数据，最终确定土壤换热器埋管分为钻孔埋管 324 个、均深为 60m/井，单 U（DN25）形埋管，夏季放热量为 48W/m 井深，冬季吸热量为 36W/m 井深；灌注桩埋管 254 个、均深为 54m/井，双 U（DN25）形埋管，夏季放热量为 75W/m 桩深，冬季吸热量为 60W/m 桩深。

根据地下换热器的换热量及埋管数量计算可知，夏季放热量为 1962kW、冬季吸热量为 1523kW。对于整个建筑的空调负荷来说，尚存在的差额部分采用冰蓄冷及电蓄热的方式来补充。经过对系统全年逐时负荷的统计，本设计采用复合式地源热泵系统，即利用释放蓄能承担尖峰负荷，而利用地源热泵承担基本负荷。由于蓄能系统均在夜间谷段时间运行，所以复合系统不但降低了系统的初投资，也为今后的高效经济运行打下了基础。

1. 地源热泵冰蓄冷空调系统配置

(1)三工况螺杆主机。本设计方案选用 4 台制冷量为 844kW 的三工况热泵螺杆机组。在夏季空调设计日，三工况热泵主机白天以空调工况运行直接制冷，满足部分冷负荷的需要，不足的冷量由融冰补充；在 4:00～8:00 共 8h 的电力低谷期内，三工况主机进行制冰，制取的冷量储存在蓄冰装置中。在大楼冬季空调设计日，三工况热泵主机白天通过管路转换运行直接制热，满足部分热负荷的需要，不足的热量由电锅炉补充，在 24:00～8:00 共 8h 的电力低谷期内，电锅炉进行蓄热。

需要说明的是，由于空调工况与蓄冰工况的制冷剂流量、阀前后压差及运行特性等差别很大，所以要求采用电子膨胀阀。另外，空调工况和蓄冰工况的蒸发温度差别较大，因此 1 个蒸发器很难满足 2 个工况的要求，推荐选用双蒸发器主机。

(2)蓄冰装置。本系统按照主机优先模式进行设计，可使主机及蓄冰装置的容量减至最小，相应可使机房配套的电力容量降至最小，从而可以节约大量的初期投资。本设计方案夏季采用蓄冰装置蓄冷，在每日 24:00～8:00 共 8h 的制冰周期内，4 台热泵主机全负荷运转制得总冷量为 15 826kW·h 的冰储存在蓄冰装置中。白天负荷高峰期，在 4 台主机供冷的同时，蓄冰装置融冰供冷。

(3)自控装置与系统。自控装置与系统是组成冰蓄冷空调系统的关键部分，自控设备均工作在条件相对恶劣的环境中，电动阀、传感元件均需在低温下工作，故自控装置采用进口设备，以更好地适应恶劣环境。

(4)电热水机组。冬季辅助电加热选用 2 台 360kW 的电热水机组加 1 个容积为 100m³ 蓄热罐，晚上在电力低谷时段开启电热水机组向蓄热装置储热，蓄热量为 5760kW·h，设计蓄热水温为 95℃，白天在平电时段以 2 台地源热泵机组供热为主，不足部分由所蓄热水补充。

2. 机房的布置及辅助设备的选型

根据系统工艺的要求，机房布置在地下 2 层。考虑蓄能装置的占地面积，机房的建筑面积为 520m²。机房内部设置三工况热泵主机、电锅炉、蓄能装置、乙二醇溶液泵、冷冻水循环泵、地下换热器水循环泵（兼做冷却塔水循环泵）和板式换热器等设备。系统设置 4 台冷却塔，布置在主楼屋顶。

3. 冰蓄冷空调系统运行策略

冰蓄冷空调设计具体有以下 3 种工作模式。

(1)融冰供冷模式（8:00～19:00）。在此期间，系统融冰供冷以降低运行费用，融冰供冷量为 2094kW·h。

（2）主机与融冰联合供冷模式（8:00～18:00、19:00～21:00）。在此期间，制冷主机在空调工况下运行，满足部分冷负荷的需要，其他的冷负荷由融冰满足，其中融冰供冷量为 13 795kW·h。

（3）主机制冰模式（24:00～8:00）。此时已进入谷电时段，主机运行在制冰模式下。

采用该策略运行，在夏季设计日下的运行可以将 15 853kW·h 高峰制冷负荷用电量转移到夜间低谷负荷中去，其中小时最大可转移的电量约为 361kW·h，占 50%以上的高峰电力需求，具有明显的调峰填谷作用。据统计，仅南京市每天晚间有 40 万 kW·h 负荷的余电，如果能采用蓄能技术，把晚间的电力用起来，相当于少建一座 40 万 kW·h 的发电厂。因此，本项目的实施对缓解南京高峰电力压力、提高能源使用效率和保护环境都可起到一定的作用，有着显著的经济效益和社会效益。

（三）综合效益分析

1. 经济效益

根据江苏省物价局《省物价局关于调整电价有关问题的通知》（苏价工〔2006〕223号）规定，南京市的峰谷电价政策见表 9-1。

表 9-1 南京市的峰谷电价政策

类别	低谷段	平时段
时段	0:00～8:00	8:00～24:00
蓄冷空调系统电价/［元/（kW·h）］	0.309	0.748
商业常规空调系统用电电价/［元/（kW·h）］	0.875	0.875

（1）冬季供暖电耗及经济分析。供暖期按 90d 计，依据全年负荷的统计，其中 100%负荷日为 25d，60%负荷日为 40d，30%负荷日为 25d。1 个供暖季的电耗及费用具体计算如下：

1）供暖季热负荷 Q_y=1 718 388kW·h，其中，电锅炉+蓄热系统承担的热负荷 Q_{y1}=45 800kW·h；

2）地源热泵消耗的电能 N_{y1}=38 0134kW·h（地源热泵主机的性能系数 COP=4.4）；

3）能量采集、释放消耗的电能 N_{y2}=155 376kW·h；

4）电锅炉消耗的电能 N_{y3}=48 211kW·h（电锅炉效率按 0.9 计）；

5）水泵消耗的电能 N_{y4}=14 100kW·h；

6）供暖季年总电能消耗量 N_y=N_{y1}+N_{y2}+N_{y3}+N_{y4}=59 7821kW·h，其中谷电为 N_{y3}+N_{y4}=62 311kW·h，平电为 N_{y1}+N_{y2}=535 510kW·h；

7）电锅炉蓄热需要的费用为（N_{y3}+N_{y4}）×0.309=19 254 元，地源热泵需要的费用为（N_{y1}+N_{y2}）×0.748=400 561 元，设备维护、备品备件、设备折旧及工人工资等费用为 60 000 元。

将三者费用相加，得到冬季供暖总费用为 479 815 元。

（2）夏季制冷电耗及经济分析。制冷季按 150d 计，依据全年负荷的统计，其中 100% 负荷日为 30d，70% 负荷日为 75d，30% 负荷日为 45d。1 个制冷季的电耗及费用具体计算如下：

1）制冷季冷负荷 Q_y=3 812 568kW·h，其中地源热泵承担的冷负荷 Q_{y1}=1 713 360 kW·h，蓄冰系统承担的冷负荷口 Q_{y2}=2 099 208kW·h。

2）地源热泵消耗的电能 N_{y1}=295 407kW·h（夏季空调主机的制冷性能系数 EER=5.8）；

3）能量采集、释放消耗的电能（室内冷冻水循环泵按定频计算）N_{y2}=157 269kW·h；

4）热泵主机蓄冰时消耗的电能 N_{y3}=552 423kW·h（夏季热泵主机制冰工况 EER=3.8）；

5）水泵消耗的电能包括蓄冰时辅助设备消耗的电能（夜间蓄冰时需要冷却塔辅助散热）N_{y4}=133 728kW·h；

6）融冰时乙二醇循环泵的电能 N_{y5}=61 020kW·h；

7）制冷季年总电能消耗量 N_y=N_{y1}+N_{y2}+N_{y3}+N_{y4}+N_{y5}=1 199 847kW·h，其中谷电为 N_{y3}+N_{y4}=686 151kW·h，平电为 N_{y1}+N_{y2}+N_{y5}=513 696kW·h；夜间蓄冰系统需要的费用为（N_{y3}+N_{y4}）×0.309=212 021 元，白天地源热泵及融冰需要的费用为（N_{y1}+N_{y2}+N_{y5}）×0.748=384 245 元，设备维护、备品备件、设备折旧及工人工资等费用为 80 000 元。夏季制冷总费用为 676 266 元。

（3）年总耗电量。年总耗电量 N=1 797 668kW·h，其中谷电为 748 462kW·h，平电为 104 906kW·h。由以上分析可知，该系统全年运行总费用为 115.6 万元。

（4）常规空调年耗电量分析。以普通的多联机系统为例来分析常规空调年耗电量及运行经济性时，根据该建筑物冷热负荷，1 个供暖季和 1 个制冷季的耗电及费用具体计算如下：

供暖季热负荷 Q_y=1 718 388kW·h，则供暖季用电量 N_y=859 194kW·h（多联机供暖时平均 COP=2）；制冷季冷负荷 Q_y=3 812 568kW·h，则制冷季用电量 Y_Y=1 089 305kW·h（多联机制冷时平均 EER=3.5）；年总耗电量 N=1 948 499kW·h，该系统全年运行电费用为 170.5 万元，考虑设备维护、备品备件、设备折旧及工人工资等费用为 12 万元，则该系统全年运行总费用为 182.5 万元。

综上所述，两种空调形式的耗电量比较见表 9-2。由表 9-2 可知，地源热泵+蓄能空调系统耗电量在供暖期低于多联机空调系统，在制冷期由于蓄冰主机效率下降略高于多联机空调系统，但从全年的耗电情况来看，还是比多联机空调系统节省了 15 0831kW·h。

表 9-2　　　　　　　　　　　　两种空调形式的耗电量比较

项目	多联机空调系统 商业电量（kW·h）	地源热泵+蓄能空调系统谷段 电量（kW·h）	地源热泵+蓄能空调系统 平段电量（kW·h）
供暖期	859 194	62 311	535 510
制冷期	1 089 305	686 151	513 696
全年	1 948 499	748 462	1 049 206

（5）初投资分析及静态投资回收期。地源热泵+蓄能空调系统同多联机空调系统相比，其初始投资分析及静态投资回收期计算结果见表 9-3。

表 9-3　　　　　　　　　　　初始投资及静态投资回收期计算结果

项目	地源热泵+蓄能空调系统	多联机空调系统
运行费用（万元/年）	115.6	182.5
初投资（万元）	1680	1600
节约的运行费用（万元/年）	66.9	
初投资多出的费用（万元）	80	
静态投资回收年限（年）	1.2	

2. 环境效益

虽然热泵主机仍采用制冷剂，但可比常规空调装置减少 25%的充灌量，属自含式系统，即该装置能在工厂车间内事先整装密封好，因此制冷剂泄漏概率较多联机系统大大减少。由于地源热泵主机制热运行替代了锅炉燃烧供热，没有排放物及废弃物，不需要堆放燃料和废物的场地，以及不用远距离输送热量，较好地解决了燃油和天然气锅炉排放温室气体造成的环境问题，同时也避免了空气源空调系统的热污染和噪声污染等一系列问题。本设计项目全年仅采用电力这种清洁能源，大大减轻了供暖对大气造成的污染问题，能有效地改善城市中的大气环境。

参 考 文 献

[1] 严斌，傅维元，林凡，等. 家庭电气化及示范小区建设 [J]. 电力需求侧管理，2014，06：43-47.

[2] 许浩琛. 微波炉的基本构造与特性探讨 [J]. 科教导刊（电子版），2014，0（23）：131-132.

[3] 刘玮钦. 工程陶瓷微波辅助塑性加工的研究 [D]. 华中科技大学，2007.

[4] 袁泉. http://baike.baidu.Com/linkurl=Il0rEOo-4JKH36nGIKZ1lsWYV2Mit8b_ZQFUQHSWE0voiqDgb1N 8c6PuU9 LzAiykznQ09oab4IvJ5bLpIRQwosDFNoGw3Q6KgzKwJ7tlGoO，2016-01-22/ 2016-06-12.

[5] 叶志芳. 发展电力排灌，支援农业 [J]. 水利与电力，1960，19：20-23.

[6] 中国电力科学研究院. 电能替代和节能技术典型案例集 [M]. 北京：中国电力出版社，2014.

附录 A 我国已经发布或即将发布的电动车辆标准

序号	分类	标准编号	标 准 名 称
1	基础通用标准	GB/T 4094.2—2005	电动汽车操纵件、指示器及信号装置的标志
2		GB/T 19596—2004	电动汽车术语
3		GB/T 19836—2005	电动汽车用仪表
4		GB/T 24548—2009	燃料电池电动汽车 术语
5	纯电动汽车标准	GB/T18384.1—2015	电动汽车 安全要求 第 1 部分：车载可充电储能系统（REESS）
6		GB/T18384.2—2015	电动汽车 安全要求 第 2 部分：操作安全和故障防护
7		GB/T18384.3—2015	电动汽车 安全要求 第 3 部分：人员触电防护
8		GB/T 18385—2005	电动汽车 动力性能 试验方法
9		GB/T 18386—2005	电动汽车能量消耗率和续驶里程 试验方法
10		GB/T 18387—2008	电动车辆的电磁场发射强度的限值和测量方法 宽带 9kHz～30MHz
11		GB/T 18388—2005	电动汽车 定型试验规程
12		GB/T 28382—2012	纯电动乘用车 技术条件
13		QC/T 838—2010	超级电容电动城市客车
14		QC/T 839—2010	超级电容电动城市客车供电系统
15		GB/T 24552—2009	电动汽车风窗玻璃除霜除雾系统的性能要求及试验方法
16	混合动力汽车标准	GB/T 19750—2005	混合动力电动汽车 定型试验规程
17		GB/T 19751—2005	混合动力电动汽车 安全要求
18		GB/T 19754—2015	重型混合动力电动汽车能量消耗试验方法
19		QC/T 837—2010	混合动力电动汽车类型
20	燃料电池汽车标准	GB/T 24549—2009	燃料电池汽车 安全要求
21		GB/T 24554—2009	燃料电池发动机性能试验方法
22		QC/T 816—2009	加氢车技术条件
23	电动摩托车标准	GB/T 24155—2009	电动摩托车和电动轻便摩托车安全要求
24		GB/T 24158—2009	电动摩托车和电动轻便摩托车通用安全技术条件
25		GB/T 24157—2009	电动摩托车和电动轻便摩托车能量消耗率和续驶里程试验方法
26		GB/T 24156—2009	电动摩托车和电动轻便摩托车 动力性能 试验方法
27		QC/T 791—2007	电动摩托车和电动轻便摩托车定型试验规程
28		QC/T 792—2007	电动摩托车和电动轻便摩托车用电机及其控制器技术条件
29	充电相关标准	GB/T18487.1—2001	电动车辆传导充电系统 第 1 部分：通用要求

续表

序号	分类	标准编号	标 准 名 称
30	充电相关标准	GB/T18487.2—2001	电动车辆传导充电系统　电动车辆与交流/直流电源的连接要求
31		GB/T18487.3—2001	电动车辆传导充电系统电动车辆与交流/直流充电机（站）
32		GB/T 20234—2006	电动汽车传导充电用插头、插座、车辆耦合器和车辆插孔通用要求
33		QC/T 841—2010	电动汽车传导式充电接口
34		QC/T 842—2010	电动汽车电池管理系统与非车载充电机之间的通信协议
35	关键部件标准	GB/T32620.1—2016	电动道路车辆用铅酸蓄电池　第 1 部分：技术条件
36		GB/T18332.2—2001	电动道路车辆用金属氢化物镍蓄电池
37		GB/Z 18333.2—2015	电动汽车用锌空气电池
38		QC/T 741—2014	车用超级电容器
39		QC/T 742—2006	电动汽车用铅蓄电池
40		QC/T 743—2006	电动汽车用锂离子蓄电池
41		QC/T 744—2006	电动汽车用金属氢化物镍蓄电池
42		QC/T 840—2010	电动汽车用动力蓄电池产品规格尺寸
43		GB/T 18488.1—2015	电动汽车用驱动电机系统　第 1 部分：技术条件
44		GB/T 18488.2—2015	电动汽车用驱动电机系统　第 2 部分：试验方法
45		GB/T 24347—2009	电动汽车 DC/DC 变换器

附录 B　电动汽车专项检验标准

纯电动汽车	
GB/T 4094.2—2005	电动汽车操纵件、指示器及信号装置的标志
GB/T 18384.1—2015	电动汽车安全要求　第 1 部分：车载可充电储能系统（REESS）
GB/T 18384.2—2015	电动汽车安全要求　第 2 部分：操作安全和故障防护
GB/T 18384.3—2015	电动汽车安全要求　第 3 部分：人员触电防护
GB/T 18385—2005	电动汽车　动力性能　试验方法
GB/T 18386—2005	电动汽车能量消耗和续驶里程　试验方法
GB/T 18387—2008	电动车辆的电磁场发射强度的限值和测量方法　宽带 9kHz～30MHz
GB/T 18388—2005	电动汽车　定型试验规程
GB/T 19836—2005	电动汽车用仪表
混合动力汽车	
GB/T 4094.2—2005	电动汽车操纵件、指示器及信号装置的标志
GB/T 18387—2008	电动车辆的电磁场发射强度的限值和测量方法　宽带 9 kHz～30MHz
GB/T 19750—2005	混合动力电动汽车　定型试验规程